成人高效体重管理

中国疾病预防控制中心营养与健康所
中国中医药出版社 编

卡路里颤抖吧！

weight
management

全国百佳图书出版单位
中国中医药出版社
·北京·

图书在版编目（CIP）数据

卡路里，颤抖吧！：成人高效体重管理 / 中国疾病预防控制中心营养与健康所，中国中医药出版社编；刘爱玲，刘爱东主编 . -- 北京：中国中医药出版社，2025.4

ISBN 978-7-5132-9455-3

Ⅰ . TS974.14

中国国家版本馆 CIP 数据核字第 2025HP7459 号

中国中医药出版社出版

北京经济技术开发区科创十三街 31 号院二区 8 号楼

邮政编码　100176

传真　010-64405721

河北品睿印刷有限公司印刷

各地新华书店经销

开本 710×1000　1/16　印张 8.75　字数 115 千字

2025 年 4 月第 1 版　2025 年 4 月第 1 次印刷

书号　ISBN 978 - 7 - 5132 - 9455-3

定价　48.00 元

网址　www.cptcm.com

服 务 热 线　010-64405510

购 书 热 线　010-89535836

维 权 打 假　010-64405753

微信服务号　zgzyycbs

微商城网址　https://kdt.im/LIdUGr

官 方 微 博　http://e.weibo.com/cptcm

天猫旗舰店网址　https://zgzyycbs.tmall.com

如有印装质量问题请与本社出版部联系（010-64405510）

卡路里颤抖吧！

成人高效体重管理

科学体重管理
健康之本

为现代健康追求者提供科学指导，助力突破体重管理困境

前言

在当今社会，久坐办公已成为职场常态，精制碳水化合物无处不在，电子屏幕更是占据了我们大量的昼夜时光。这些现代生活方式的显著特征，正在悄然重塑着人类的生存模式。镌刻在 DNA 的基因密码仍在低语远古的饥饿记忆，而现代智人却在甜蜜沼泽中沉溺，任由二进制洪流冲刷着运动本能的进化烙印。这种生物进化与文化演进的错位，让每个现代人成为这场无声战争的参与者。

当下生活节奏快，体重管理已成为全民健康与社会医疗负担的重要议题。这场看似围绕体重数字的拉锯战，实则撕开了现代营养不良的深层伤口——营养过剩与营养缺乏的双重风暴，正在不同群体中制造着健康赤字。超重与肥胖问题不仅关乎个人的外貌形象，更重要的是，它们已成为心脑血管疾病、糖尿病及癌症等多种慢性疾病的主要风险因素，严重威胁着人们的健康。另外，受特定审美标准影响，部分年轻群体陷入对体形的过度追求，进而采取极端节食行为，导致营养不良、代谢紊乱及心理失衡等健康问题。

世界卫生组织最新数据显示，2022 年全球范围内，成年人（≥ 18 岁）超重比例高达43%，肥胖患病率达到了 16%。更令人担忧的是，从 1990 年到 2022 年，全球肥胖的流行率竟然增加了一倍多，这一趋势无疑为我们敲响了警钟。在中国，情况同样不容乐观。根据《中国居民营养与慢性病状况报告（2020 年）》显示，我国成年人超重率高达 34.3%，肥胖患病率达到了 16.4%。这些数据不仅揭示了我国面临的体重管理挑战，也提醒我们必须采取有效措施来应对这一日益严峻的健康问题。

体重管理绝非简单的减重过程，而是一个涉及生理、心理、行为等多维度的系统工程。传统的节食减肥方法往往忽视了人体的复杂性和个体差异，导致减肥效果难以持续，甚至引发更严重的健康问题。科学体重管理的核心在于建立可持续的健康生活方式，这需要我们对身体代谢规律有深入理解，对营养摄入有科学规划，对运动方式有合理选择。

优化体重管理、提升公众健康意识已成为当务之急。政府、社会各界及每个个体都应共同努力，通过科学合理的饮食、适量的运动及健康的生活方式，共同抵御超重与肥胖带来的健康威胁，为构建一个更加健康、美好的社会贡献力量。

本书科学解析肥胖的判定标准，剖析高能饮食的隐患，构建膳食选择法则，并系统阐述身体活动管理、应酬族防胖策略、特殊阶段体重调控方案、"三高"群体精准营养计划、四季食养智慧、优质睡眠助力减重及体重维持策略。全书为现代健康追求者提供全方位的科学指导，助力突破体重管理困境。由于时间和水平所限，本书难免有不足之处，敬请读者朋友提出意见和建议，以便进一步完善。

本书编委会

2025 年 3 月 28 日

目

录

肥 胖 的 本 质 是 人 体 能 量 摄 入 超 过 能 量 消 耗 或 机 体 代 谢 改 变

而 导 致 体 内 脂 肪 组 织 的 积 聚 过 多

你胖在哪裡

在历史的长河中，关于女性美的标准不断变迁，从"环肥燕瘦"这一成语中便可见一斑。杨玉环，作为唐代的美人典范，她的形象究竟是代表着健康丰腴，还是现代社会所定义的肥胖？究竟什么样的胖才是真的胖？简单又常用的判断超重肥胖的两个指标是体质指数（BMI）和腰围（WC），腰臀比、体脂率和内脏脂肪面积等也是常见的健康评估指标。在中医学中，观察舌苔厚薄、脉象强弱等体征，也能评估身体健康状况。

简单又常用的判断超重肥胖的两个指标是体质指数（BMI）和腰围（WC）。

BMI：
中国成人肥胖的红黄灯警示

BMI 是目前国际上常用的衡量人体胖瘦程度的指标，计算公式为：BMI ＝ 体重（kg）÷ 身高（m）^{2}。我国成年人的 BMI 如果低于 18.5kg/m^2 为体重过低，18.5kg/m^2 ≤ BMI ＜ 24kg/m^2 为正常体重，24kg/m^2 ≤ BMI ＜ 28kg/m^2 为超重，BMI ≥ 28kg/m^2 为肥胖。

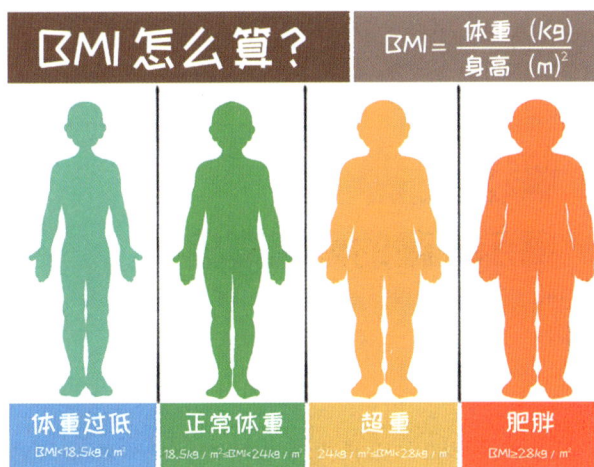

BMI 怎么算？
$$BMI = \frac{体重 (kg)}{身高 (m)^2}$$

体重过低 BMI<18.5kg/m²　正常体重 18.5kg/m²≤BMI<24kg/m²　超重 24kg/m²≤BMI<28kg/m²　肥胖 BMI≥28kg/m²

《肥胖症诊疗指南（2024年版）》中将肥胖进一步分级，28kg/m² ≤ BMI < 32.5kg/m² 为轻度肥胖、32.5kg/m² ≤ BMI < 37.5kg/m² 为中度肥胖、37.5kg/m² ≤ BMI < 50kg/m² 为重度肥胖、BMI ≥ 50kg/m² 为极重度肥胖。建议每日使用同一台电子秤，在晨起如厕后、空腹状态时，着轻薄贴身衣物赤足测量体重。

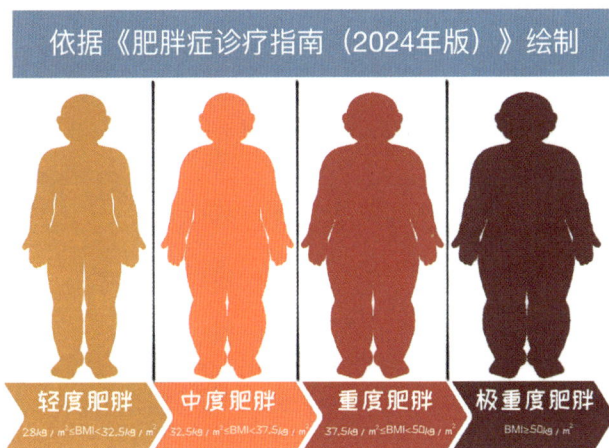

依据《肥胖症诊疗指南（2024年版）》绘制

轻度肥胖 28kg/m²≤BMI<32.5kg/m²　中度肥胖 32.5kg/m²≤BMI<37.5kg/m²　重度肥胖 37.5kg/m²≤BMI<50kg/m²　极重度肥胖 BMI≥50kg/m²

体脂率：
揭示隐藏的健康真相

　　肥胖的本质是人体能量摄入超过能量消耗或机体代谢改变而导致体内脂肪组织的积聚过多。虽然 BMI 能衡量人体的胖瘦程度，但存在一定的局限性，它无法准确反映身体的组成和脂肪的分布情况。如经常健身或参加体育锻炼的人，由于肌肉含量高，导致 BMI 较高，但实际上并不是肥胖；缺乏运动、久坐不动的人群，虽然体重正常，但可能体脂率较高，会面临较大的健康风险。

　　评估超重和肥胖更精确的指标是体脂率（BFP），BFP 是指体内脂肪占总体重的比例。体脂率的测定主要有生物电阻抗分析法（如家用体脂秤）及双能 X 线吸收法两种方法。通常男性体脂率正常范围为 10% ～ 20%，女性为 15% ～ 25%，当男性体脂率 ≥ 25% 或女性 ≥ 30% 时，即达到临床的肥胖判定值。

腰围：
"将军肚"背后的量化密码

人体内脂肪的分布存在异质性，当过量内脏脂肪在腹腔内异常蓄积时，常呈现腹部膨隆、大腹便便的典型体征，俗称"将军肚"。这种以腰腹部脂肪异常堆积为核心的肥胖类型，在医学领域被明确归类为中心性肥胖（腹型肥胖）。内脏脂肪堆积不仅会增加代谢紊乱、心脑血管疾病的发病风险，甚至会导致过早死亡，值得警惕。腰围（WC）能反映腹部脂肪堆积情况，是判断中心性肥胖的常用指标。WC的测量位置通常在髂骨上缘与第12肋骨下缘连线的中点，即脐点附近的腰部水平围长。成年男性：85cm ≤ WC < 90cm，成年女性：80cm ≤ WC < 85cm，可判断为中心性肥胖前期；成年男性 WC ≥ 90cm，成年女性 WC ≥ 85cm，可判断为中心性肥胖。

将军肚

腰臀比（WHR）是另一个评估脂肪分布、判断中心性肥胖的指标，计算公式为：WHR ＝ 腰围（cm）÷ 臀围（cm）。当男性 WHR ≥ 0.9 和女性 WHR ≥ 0.85 时，可诊断为中心性肥胖。此外，评估中心性肥胖的"金标准"是内脏脂肪面积，CT 或磁共振成像可提供精准的检测结果，但成本较高。借助生物电阻抗人体成分分析设备也可以获得内脏脂肪面积，该数据有一定参考价值。

四诊合参

辨体质

中医学将肥胖归属于"脂人""膏人""肥人"等范畴，可通过辨标本虚实、脏腑病位、舌象变化等进行辨证论治。中医学认为，肥胖属本虚标实证，

涉及痰、湿、热等病理因素，其病位多在脾胃，与肾气虚关系密切，并可涉及五脏，常见证型如下：

① 胃热火郁证

肥胖多食，消谷善饥，大便不爽，甚或干结，尿黄，或有口干口苦，喜饮水，舌质红，苔黄，脉数。

② 痰湿内盛证

形体肥胖，身体沉重，肢体困倦，脘痞胸满，可伴头晕，口干而不欲饮，大便黏滞不爽，嗜食肥甘醇酒，喜卧懒动，舌质淡胖或大，苔白腻或白滑，脉滑。

③ 气郁血瘀证

肥胖懒动，喜太息，胸闷胁满，面晦唇暗，肢端色泽不鲜，甚或青紫，可伴便干，失眠，男子性欲下降甚至阳痿，女子月经不调、量少甚或闭经，经血色暗或有血块，舌质暗或有瘀斑瘀点，舌苔薄，脉弦或涩。

④ 脾虚不运证

肥胖臃肿，神疲乏力，身体困重，脘腹痞闷，或有四肢轻度浮肿，晨轻暮重，劳则尤甚，饮食如常或偏少，既往多有暴饮暴食史，小便不利，大便溏或便秘，舌质淡胖，边有齿印，苔薄白或白腻，脉濡细。

⑤ 脾肾阳虚证

形体肥胖，易于疲劳，四肢不温，甚或四肢厥冷，喜食热饮，小便清长，舌淡胖，舌苔薄白，脉沉细。

食养调和
消脂肥

　　"减肥之道，三分在动，七分在养"，以"辨证施膳"为理论核心的中医食养体系，是在中医体质学说与辨证施治原则指导下形成的调养方案，其精髓在于通过"四诊合参"系统辨识个体体质特征、肥胖成因及脏腑功能状态，根据药食同源理论，使用食药物质制定个性化膳食计划，实现调和气血、平衡阴阳、标本兼治的健康减重目标。食药物质指既是食品又是中药材的物质，这类物质通常性质温和，适宜长期食用，有助于增强体质、预防疾病。常见食药物质有枸杞子、红枣、山药、菊花、百合。不同证型的常用食养方详见下表。

不同证型的常用食养方

辨证分型	食养方	原料	制作	用量
胃热火郁	三豆饮	赤小豆 15g，黑豆 15g，绿豆 15g，生甘草 5g	所有食材洗净，加水适量，煮至豆熟烂即可	可代替部分主食，温服，吃豆喝汤；每日 2 次，连续食用 5～7 天
痰湿内盛	橘枣茶	大枣 3 枚，橘皮 3g	大枣去核，炒焦，橘皮洗净，一起用沸水冲泡 10 分钟	代茶饮，温热频服，枣可食用
气郁血瘀	山楂橘皮茶	山楂 10g，橘皮 3g	将山楂、橘皮洗净，置于杯中，沸水冲泡 10 分钟	代茶饮，温热频服（建议孕期女性遵医嘱食用）
脾虚不运	黄芪橘皮饮	黄芪 10g，橘皮 5g	将黄芪、橘皮洗净，一起放入炖盅中，加入清水，大火烧开后转小火煮 30 分钟左右	代茶饮，温热频服
脾肾阳虚	姜桂茶	干姜 3g，肉桂 3g	将干姜、肉桂沸水冲泡 10 分钟	代茶饮，温热频服

管 理 体 重 的 一 个 重 要 环 节 是 均 衡 膳 食

吃垮代谢的"隐形"杀手

常言道"病从口入"，身体代谢异常或脂肪堆积皆与"吃"有关。了解各种食物的能量含量及采用不同烹饪方式食物的能量含量，通过"智慧"的食物选择与搭配，有利于控制总的食物和能量摄入量，为机体打造更好的代谢状态。

通过"智慧"的食物选择与搭配，
有利于控制总的食物和能量摄入量，
为机体打造更好的代谢状态。

食物有特色，能量分高低

造成肥胖的原因主要是吃得太多，动得太少。管理体重的一个重要环节是均衡膳食，保持适宜的能量摄入。食不过量的要点在于合理选择食物，少选或不选高能量食物。高能量食物通常是指提供 400kcal/100g 以上能量的食物，如油炸食品、含糖烘焙糕点、糖果、肥肉等。全谷物、蔬菜和水果一般为低能量食物。一些常见的食物能量见下表。

食物能量举例（可食部）

常见高油/高糖食物	能量（kcal/100g）	动物性食物	能量（kcal/100g）	植物性食物	能量（kcal/100g）
烹调油	900	肥肉	800	白菜	14
沙拉酱	720	腊肉	700	白萝卜	16
芝麻酱	620	烤鸭	530	胡萝卜	32
核桃仁/松子仁/榛子仁/杏仁/腰果（生）	620	鱼/虾/蟹	90	西红柿	15
花生仁（炒/炸）	580	鸡胸肉	120	豆腐	85
花生仁（生）	570	鸡腿肉	150	南瓜（栗面）	36
马铃薯片（油炸）	600	鸡翅	200	马铃薯	80
桃酥	480	鸡蛋（全）	140	苹果	50
糖果	450	鸡蛋白	60	柑橘	50
油条/油饼/饼干/月饼	400～500	鸡蛋黄	320	香蕉	90

　　体重增加与经常摄入高能量食物有关。减少高能量食物摄入有助于控制膳食总能量。因此，减重期间我们应少吃高能量食物，多吃富含膳食纤维的低能量食物，如全谷物、深色蔬菜、低糖水果等。

培养淡口味，
降低代谢负担

控制体重或减重期间饮食要清淡，我们应严格控制脂肪（油）、盐、添加糖的摄入量，每天食盐摄入量不超过 5g，烹调油摄入量为 20 ～ 25g，添加糖摄入量最好控制在 25g 以下。日常我们应多选用蒸、煮及水滑（水代油烹调法）等烹调方式，少选用煎、炸、红烧等烹饪方式；不吃或少吃肥肉、糕点、薯条、饼干等高脂高油食物。采购包装食品时，我们要阅读营养标签，选择能量、脂肪、碳水化合物（糖）、钠含量低的食物，尽量不选或少选油炸食品、加工肉制品、含糖烘焙糕点、蜜饯、糖果、冰激凌及含糖饮料等。

坚果虽好，
不宜多吃

多数坚果脂肪含量达到 50%，所以吃起来很香。坚果中的脂肪含有丰富的多不饱和脂肪酸，如亚油酸、二十碳五烯酸（EPA）、二十二碳六烯酸

（DHA）等。其中，EPA 具有降低胆固醇和甘油三酯的作用，有助于预防心血管疾病的发生。DHA 具有促进胎儿或婴儿大脑生长发育的生物学作用。但是，坚果的能量含量比较高，可以达到 600kcal/100g。因此，过量食用坚果会增加身体超重、肥胖的风险，进而增加与肥胖相关疾病，如高血压、糖尿病、血脂异常等的患病风险。

成年人每天豆类和坚果的摄入量为 25 ～ 35g。我们应首选原味的坚果，少选油炸或盐焗的坚果。多种坚果搭配，营养更丰富。小孩、老人吃坚果要注意安全，防止因哭、闹、咀嚼困难、吞咽障碍等导致窒息。

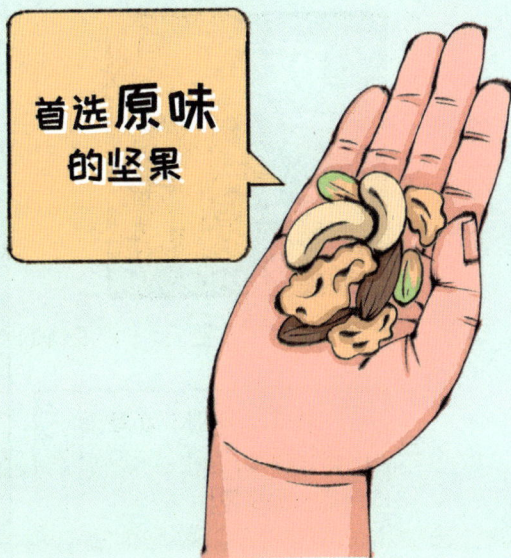

首选原味的坚果

远离酒精，
有益减重

　　每 100g 酒精可产生约 700kcal 的能量，远高于同质量的碳水化合物和蛋白质产生的能量。酒精除可以给人体带来能量以外，其他对人体有用的营养素含量极少。因此，在减重期间应严格限制饮酒。

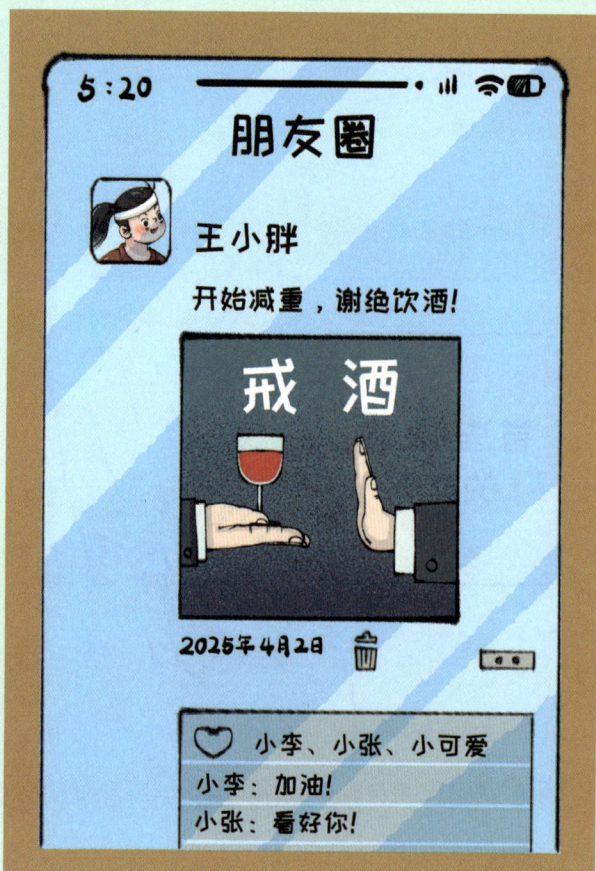

少喝甜味饮料，
多喝白水，冲刷"代谢垃圾"

多数饮料含有糖或代糖成分，会增加机体的能量摄入和代谢负担。各种口味的饮料对味蕾有着强烈的刺激和诱惑，导致人们难以控制饮料的摄入量，在不知不觉中增加了每日总能量的摄入，不利于体重控制。减重期间，我们应避免摄入饮料，特别是含糖饮料。

代糖（分为糖醇类、天然甜味剂和人工甜味剂）因能量低、甜度高等特点，已被当作糖的替代品，广泛应用于食品加工。现有证据显示，长期大量摄入代糖与不良健康结局，如血压升高、糖尿病风险增加、癌症风险增加、全因死亡率提高等有关。但糖醇类和天然甜味剂对人体肠道微生物多样性可能产生有益的影响，而人工甜味剂会导致肠道微生物群失衡。多数产品中添加了两种及两种以上的代糖，多种代糖混合暴露对人体的健康影响尚不明确，故不建议多喝代糖饮品。

我们应该养成喝白水或茶水的习惯，每天少量多次饮水，每日饮水总量应达到1500mL。主动、足量的饮水方式可帮助身体维持良好的代谢状态，及时排泄体内代谢垃圾。

多喝白水或茶水　少喝饮料

17

好脾胃，
助减肥

中医讲脾胃是"后天之本""脾主运化"。简单来说，就是所有的食物都要经过脾胃的消化吸收，才能产生能量，进而被人体利用。所以，脾胃功能正常是人体生存的根本。要想养好脾胃，首先要了解脾胃怕（不喜）什么。

❶ 脾胃怕撑

养好脾胃，需饮食有度。如果长期摄入肥甘厚腻、不洁食物等，必然会加重脾胃的负担，超负荷运转后脾胃就会"罢工"，从而影响消化吸收，摄入的食物逐渐变成"废物"被储存在身体里，导致肥胖和身体功能失常。

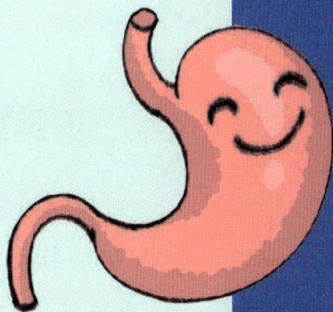

❷ 脾胃怕冷

我们常说"十个胃病九个寒"。脾胃喜暖怕冷，所以长期喝冷饮、吃冰冻水果等，都可能对脾胃造成伤害。尤其到了夏季则更加明显。中医常讲"春夏养阳"。我们的脾胃功能同样需要阳气的温煦，才能更好地运化食物，将食物转化成能量被身体利用。相反，寒冷食物的反复刺激，则会导致脾胃受寒，出现胃脘部隐痛、大便不成形、手脚怕冷、出汗多、疲倦、体重不断增加等症状。这样的人看起来体形很胖，肌肉很松弛，也就是我们常说的"虚胖"。

19

❸ 脾胃怕湿

中医讲，湿邪是引起疾病的邪气之一，其性黏腻、容易损伤阳气。湿从何来？居住在潮湿环境、雨水多的地区（此类环境空气湿度较高），以及吃生冷、肥腻的食物等都与湿邪有关，这些都是外湿的来源。还有一些脾胃自身疾病或者其他脏器疾病影响到脾胃导致脾胃虚弱，脾胃虚弱也会生出湿，这就是我们所说的内湿。而脾的特点是"喜燥恶湿"，简单来说就是脾最厌恶湿。而这些外湿与内湿在人体内相互纠缠，影响到脾胃就会引起消化吸收功能失常，从而化生出痰浊、水饮等对人体有害的产物。这些产物聚集在人体，就会表现为肥胖。

❹ 脾胃怕郁

情志不畅就会导致肝气郁结，肝气可横逆犯脾就会导致脾失健运。现代社会生活节奏快，人们压力大，常处于焦虑、抑郁等负面情绪中，这些情绪因素直接影响脾胃功能，导致人体出现胸胁胀满、食少纳呆、嗳气吞酸等症状，进而加重不良情绪，影响机体代谢功能。

好习惯，
好脾胃

中医学认为，保护好脾胃，才能让减肥更顺利。养好脾胃助减肥可以从以下 5 个方面入手。

❶ 饮食方面

我们应遵循均衡饮食、定时定量、细嚼慢咽的原则，避免或少摄入生冷、寒凉食物，如冷饮、冰镇西瓜等，可以选择一些代替的食物，比如用红茶、熟普洱茶代替冷饮。红茶、熟普洱茶等性质偏温，既可以补足水分，又有温胃、解腻的作用。当然，这里不推荐含有这些成分的茶饮料。

❷ 起居方面

我们要保护好脾胃所在的腹部，即使是炎热的夏天，也不要把它暴露在外，在空调或风扇房中，一定要适时增添衣物，盖好被子，避免受凉。

21

❸ 运动方面

运动能增强脾胃功能。我们可选择适合自己的、可长期坚持的运动方式，如散步、慢跑、打太极拳等，但也要避免过度劳累损伤脾胃。劳逸结合，在运动的同时保证充足的休息才有助于体重管理。

❹ 情志方面

我们应该学会释放压力，保持心情愉悦，可通过冥想、做瑜伽、散步等方式放松心情。我们也可以适量食用一些具有疏肝解郁作用的食物，或在医生指导下服用相关中药，必要时可寻求心理咨询师的帮助，进行专业的心理疏导。

❺ 药膳方面

药膳是中药与食物的结合，既能补充营养，又可健胃消食、补气健脾，有利于成功减肥。下面给大家介绍几款药膳，具体见下表。

药膳举例

辨证分型	药膳	原料	制作方法	用法用量
胃热火郁	铁皮石斛玉竹煲瘦肉	猪瘦肉60g，铁皮石斛10g，玉竹10g	所有食材洗净放进瓦煲内，加入清水，大火煲沸后，改为小火煲1小时，放入精盐适量	可佐餐食用，温服；酌情每日或隔日食用1次
痰湿内盛	薏苡仁冬瓜汤	冬瓜300g，薏苡仁20g	将冬瓜去皮去瓤，切成1cm厚、4cm长的冬瓜片备用；生姜切片，葱切段备用；将薏苡仁洗净，置于炖锅内，加水适量，大火煮开，小火继续煮30分钟；加入冬瓜片、葱段、姜片，转大火煮开，小火继续煮约15分钟，加盐少量调味即可（不加盐为宜）	餐前食用或佐餐食用；孕期女性遵医嘱食用
气郁血瘀	山楂内金粥	粳米50g，山楂10g，炒鸡内金粉10g	粳米淘洗干净，山楂洗净，备用；将粳米和山楂置于砂锅内，加清水，煮粥；待粳米煮至熟烂，加入鸡内金粉，熬煮片刻即可	作为主食，每周食用3～5次；孕期女性遵医嘱食用
脾虚不运	扁豆山药粥	白扁豆30g，鲜山药100g，粳米30g	鲜山药去皮、洗净，切片备用；将白扁豆洗净，清水浸泡2小时；粳米洗净，加入鲜山药、白扁豆，一同煮粥，煮至米、豆熟烂即可	作为主食，每周食用3～5次
脾肾阳虚	山药黄芪炖鸭肉汤	鲜山药100g，黄芪10g，生姜3～4片，鸭肉300g，板栗100g	鸭肉切小块，沸水焯水；板栗加水煮熟，放凉，剥壳备用；鲜山药去皮、洗净，切厚片备用；上述食材一同放入瓦煲内，加入清水，大火烧沸后，再用小火煲1小时，加食盐少许	佐餐食用，温服；每周食用3～5次

科 学 瘦 身 ， 应 建 立 正 确 的 " 三 维 色 彩 观 "

三餐的"红绿灯法则"

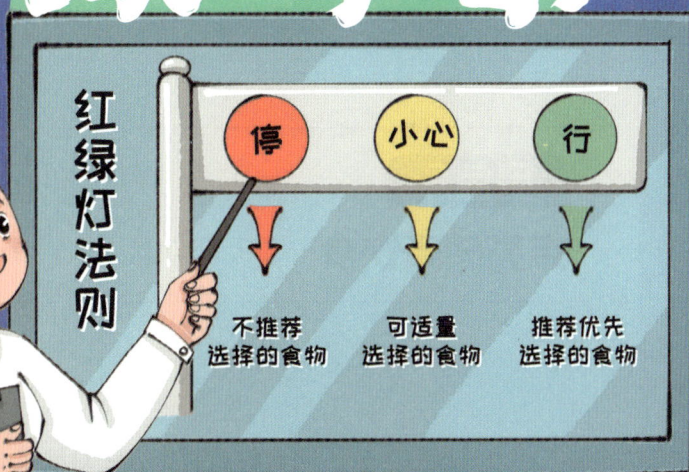

红绿灯法则

停　小心　行

不推荐
选择的食物　可适量
选择的食物　推荐优先
选择的食物

在繁忙的现代生活中，如何吃得健康又科学，是很多人关心的问题。我们不妨借鉴交通管理中的"红绿灯法则"，将食物分为红、黄、绿三类，为三餐搭配提供清晰指南。这一法则不仅简化了食物选择过程，还能帮助我们在享受美食的同时，维持营养均衡，促进身体健康。

我们不妨借鉴交通管理中的"红绿灯法则"，
将食物分为红、黄、绿三类，
为三餐搭配提供清晰指南。

用色彩
点亮健康饮食

为了容易区分不同食物或制作方法对健康的影响，我们可以将食物分为绿灯食物、黄灯食物、红灯食物三类。

❶ 绿灯食物

绿灯食物即推荐优先选择的食物，如杂粮饭、叶菜、低

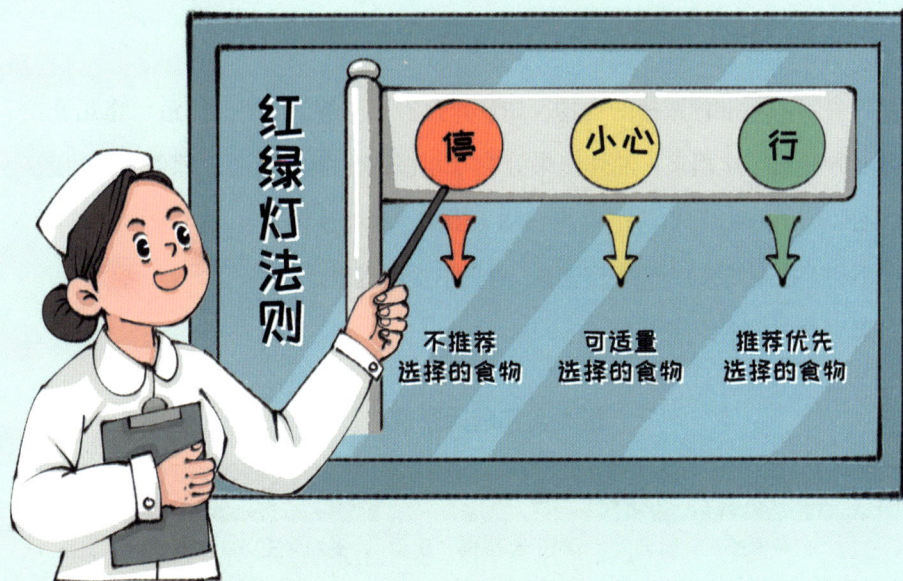

能量的水果、瘦肉、禽肉、鱼虾类、蛋类、豆腐、原味坚果、纯牛奶、低脂奶等。这类食物营养价值高，能量相对低，可促进身体健康，是推荐每天摄取的食物。

❷ 黄灯食物

黄灯食物即可适量选择的食物，如精米面类食物、含淀粉高的菜类（土豆、莲藕、芋头等）、含糖较高的水果（冬枣、榴梿、芒果等）、含脂肪较高的肉类（牛排、小排、带皮禽肉等）、烹调油用得多的食物（糖醋鱼、糖醋小排、煎带鱼等）。这类食物能量相对较高，适量摄入可增加美味体验，有助于心情愉悦。

27

❸ 红灯食物

红灯食物即不推荐选择的食物，如油炸食物（油条、油饼、炸鱼、炸丸子、炸薯条、方便面、炸藕夹、油炸坚果等）、高油高糖食物（点心、辣条、奶油爆米花、油焖茄子、红烧肉等）、高糖食物（罐头、含糖饮料等）。这类食物能量特别高，不利于控制体重，不利于健康，尽量不食用或很少食用。

各类食物选择举例详见下表。

各类食物选择举例

食物分类	绿灯食物	黄灯食物	红灯食物
谷薯类	蒸煮烹饪、粗细搭配的杂米饭、杂粮面等	精白米面类、粉丝、年糕等	高油烹饪及加工的谷薯类，如油条、炸薯条、油饼、炸年糕、面制辣条等；添加糖、奶油、黄油的点心，如奶油蛋糕、黄油面包、奶油爆米花等
蔬菜类	叶菜类、瓜茄类、鲜豆类、花芽类、菌藻类等	部分高淀粉含量的蔬菜，如莲藕等	高油、盐、糖烹饪及加工的蔬菜，如炸藕夹、油焖茄子、油炸的果蔬脆等
水果类	绝大部分浆果类、核果类、瓜果类等水果，如柚子、蓝莓、草莓、苹果、樱桃等	含糖量比较高的水果，如冬枣、山楂、榴莲、香蕉、荔枝、甘蔗、龙眼、芒果等	各类高糖分的水果罐头、果脯等
畜禽类	畜类脂肪含量低的部位，如里脊、腱子肉等；少脂禽类，如胸脯肉、去皮腿肉等	畜类脂肪含量相对高的部位，如牛排、小排、肩部肉等；带皮禽类；较多油、盐、糖烹饪及加工的畜禽类	畜类脂肪含量高的部位，如肥肉、五花肉、蹄膀、牛腩等；富含油脂的内脏，如大肠、肥鹅肝等；高油、盐、糖烹饪及加工的畜禽类

续表

食物分类	绿灯食物	黄灯食物	红灯食物
水产类	绝大部分清蒸或水煮水产类	较多油、盐、糖等烹饪的水产类，如煎带鱼、糖醋鱼等	蟹黄和（或）蟹膏等富含脂肪和胆固醇的水产部位；油炸、腌制的水产类及其制品
豆类	大豆和杂豆制品，如豆腐、无糖豆浆等	添加少量糖和（或）油的豆制品等	油、盐、糖含量高的加工豆制品，如兰花豆、油炸豆腐、豆腐乳、豆制辣条
蛋乳类	蒸煮蛋类，不添加糖的乳制品，脱脂及低脂乳制品，无糖酸奶	少油煎蛋，含少量添加糖的乳制品	含有大量添加糖的乳制品
饮料类	白水、淡茶水等	不加糖的鲜榨果汁	含糖及甜味饮料、加入植脂末或糖的奶茶、果汁饮料
坚果类	无添加油、盐、糖的原味坚果	添加少量油、盐、糖调味的坚果	添加大量油、盐、糖等调味的坚果

红绿灯餐盘：
吃出健康新风尚

遵循"绿多黄少红慎选"的三色营养法则，将餐盘化作健康调色盘：以绿灯食物（深色蔬菜、全谷物、低糖水果、优质蛋白）为膳食基底，构筑高纤维低能量的营养根基；用黄灯食物（精制谷类、脂肪相对较高的畜禽肉类）

作为功能点缀，满足生理需求不过量；对红灯食物（精制糖、油炸食品）高度警惕，少量选择，抵制高能量诱惑。实践 7：2：1 配比法则，既保证食物多样性刺激味蕾，又能精准调控能量摄入，让体重管理融入日常饮食美学，实现"吃得丰富"与"瘦得科学"的双向奔赴。

"红绿灯法则"中的
减肥误区

科学瘦身，应建立正确的"三维色彩观"，以绿灯食物构建营养根基，用黄灯食物激活代谢引擎，对红灯食物实施"限量解馋计划"，让"红绿灯法则"真正成为健康体重的导航仪。要注意，别让"色彩迷信"毁了瘦身计划！辣椒减肥、鸡蛋减肥、水果减肥等减肥方式会导致营养单一，损害机体营养状况和健康水平。

① 辣椒减肥不提倡

吃辣到一定量，会感觉浑身发热、呼呼出汗，于是很多人就有一种感觉：辣椒可以提高身体的代谢速度，可以帮助我们减肥。的确有研究显示，辣椒中的辣椒素能加速脂肪分解，有减肥作用。但是，吃辣可能伴随食量增加，反而能量摄入更高了，导致体重不降反增。而且，辣椒对口腔和胃肠都有刺激作用，容易导致胃肠不适，引起腹泻、腹痛、呕吐等症状，辣椒减肥可能得不偿失。通过平衡饮食、控制总能量摄入、积极运动才能更好地、健康地减肥。

❷ 鸡蛋虽好，不宜多吃

鸡蛋减肥法指每日三餐以鸡蛋为主食，配以青菜和水果，少量粗粮。这是 1～2 周短期减肥的方法之一，但不适合作为长期饮食方案。

虽然鸡蛋含有优质蛋白质、脂肪酸、胆固醇、脂溶性维生素，但是鸡蛋不能满足人体对多种营养素的需求，过多摄入鸡蛋，较少摄入其他食物，会导致胃肠功能紊乱，机体营养失衡，健康受损。

❸ 水果减肥，越减越肥

水果分为很多种，大部分热带水果含糖量较高，能量也较高，如榴梿（150kcal/100g）、芭蕉（115kcal/100g）、菠萝蜜（105kcal/100g）、椰子（241kcal/100g）等。有些水果糖分和能量含量相对较低，如柚子（42kcal/100g）、草莓（32kcal/100g）、蜜桔（45kcal/100g）等。减肥期间可以选择能量较低的水果。

水果中含有的果糖主要在肝脏进行代谢后转变为葡萄糖或脂肪，果糖摄入过多会导致脂肪肝的风险增加。因此，吃水果要适量，减肥期间只吃水果或主要吃水果的行为不可取，还是应该在均衡饮食的前提下，控制总能量摄入，实现健康减肥。

下表详细介绍了常见水果的能量及碳水化合物含量。

常见水果能量及碳水化合物含量一览表（可食部）

食物名称	能量(kcal/100g)	碳水化合物（g/100g）	食物名称	能量(kcal/100g)	碳水化合物（g/100g）
甜瓜	26	6.2	猕猴桃	61	14.5
木瓜	30	7.2	无花果	65	16.0
杨梅	30	6.7	雪梨	79	20.2
西瓜	31	6.8	桂圆	71	16.6
草莓	32	7.1	荔枝	71	16.6
哈密瓜	34	7.9	石榴	72	18.5
芒果	35	8.3	柿子	74	18.5
柠檬	37	6.2	人参果	86	21.2
李子	38	8.7	山楂	102	25.1
杏	38	9.1	菠萝蜜	105	25.7
柚子	42	9.5	冬枣	113	27.8
桃	42	10.1	芭蕉	115	28.9
葡萄	45	10.3	枣（鲜）	125	30.5
樱桃	46	10.2	榴梿	150	28.3
橙	48	11.1	柿饼	255	62.8
梨	51	13.1	枣（干）	276	67.8
苹果	53	13.7	桂圆（干）	277	64.8
火龙果	55	13.3	蜜枣	333	84.4
桑椹	57	13.8	葡萄干	344	83.4

注：摘自《中国食物成分表标准版（第6版）》。

虽然有些水果的能量可能相对较低，但是容易多吃，从而导致总能量摄入过高。例如，1 个 220g 的苹果含能量 117kcal，相当于 1 碗米饭（100g）的能量（115kcal）；100g 西瓜有 31kcal 能量，但是如果一天或一顿吃了 1kg 西瓜，就摄入了 310kcal 能量。此外，水果性寒者居多，多吃伤脾，得不偿失。因此，减肥期间要注意水果的种类和摄入量，避免健康受损和越减越肥。

减重
食谱

在每日三餐的食物搭配中，多选择"绿灯"食物，少选择"黄灯"食物，尽量不选"红灯"食物，可实现丰富多彩的餐食，同时达到增进健康、降低体重的目的。

减重食谱 1 （总能量约 1200kcal）

早餐

胡萝卜鲍菇炒青笋（胡萝卜 20g，杏鲍菇 50g，青笋 80g）；水果奶昔（红心火龙果 100g，无糖酸奶 150g）；香葱鸡蛋软饼（全麦面粉 25g，牛奶 100mL，鸡蛋 50g，香葱 10g）。

减重食谱①

早餐	中餐	晚餐
水果奶昔 胡萝卜鲍菇炒青笋 香葱鸡蛋软饼	芡实燕麦糙米饭 肉末豆腐蒸槐花 虾皮冬瓜紫菜汤 蒜蓉拍黄瓜	蒸土豆南瓜 仔姜桔梗拌西葫芦 香菇蒸仔鸡 赤豆薏米水

中餐

芡实燕麦糙米饭（黑米 40g，芡实 *10g，燕麦米 10g）；肉末豆腐蒸槐花（猪肉 20g，北豆腐 20g，槐花 *100g）；蒜蓉拍黄瓜（嫩黄瓜 150g）；虾皮冬瓜紫菜汤（虾皮 3g，冬瓜 150g，紫菜 3g，香菜 5g）。

晚餐

蒸土豆南瓜（黄瓤土豆 100g，栗面南瓜 100g）；仔姜桔梗拌西葫芦（泡仔姜 *20g，桔梗 *20g，西葫芦 100g）；香菇蒸仔鸡（鸡腿肉 70g，水发香菇 20g，鲜莲子 *20g）；赤豆薏米水（赤小豆 *5g，薏苡仁 *5g）。

油、盐

全天总用量，植物油 15g，盐 < 5g。

注：①本食谱提供能量约为 1200kcal，其中蛋白质约 57g，碳水化合物约 173g，脂肪约 30g；宏量营养素占总能量比约为：蛋白质 19%，碳水化合物 58%，脂肪 23%。② * 为食谱中用到的食药物质，如芡实、槐花、姜等。

减重食谱 2 （总能量约 1400kcal）

早餐

荠菜鲜肉馄饨（面粉 50g，荠菜 50g，猪里脊肉 30g，香菜 5g）；牛奶蒸蛋羹（脱脂牛奶 110mL，鸡蛋 50g）；虾皮拌圆白菜（圆白菜 100g，虾皮 2g）。

中餐

紫米饭（紫米 30g，大米 20g）；红烧带鱼（带鱼 50g，葱姜 5g，香菜 10g）；醋烹豆芽（绿豆芽 100g，红柿子椒 10g）；桃仁香橙酸奶（核桃仁 5g，香橙 50g，无糖酸奶 150g）。

晚餐

猪肉茄丁面（猪瘦肉 15g，鲜切面 100g，茄子 80g，鲜香菇 30g，香葱 10g）；雪里蕻烧豆腐（豆腐 50g，雪里蕻 15g，青蒜叶 20g）；粉蒸蒲公英（鲜蒲公英 *80g，玉米面粉 15g，小米辣 5g）；无糖黑豆浆（250mL）。

油、盐

全天总用量，油 17g，盐＜ 5g。

注：①本食谱提供能量约为 1400kcal，其中蛋白质约 68g，碳水化合物约 191g，脂肪约 39g；宏量营养素占总能量比约为：蛋白质 19%，碳水化合物 56%，脂肪 25%。② * 为食谱中用到的食药物质，如蒲公英。

减重食谱 3 （总能量约 1600kcal）

早餐

菠菜糊塌子（小菠菜 50g，全麦面粉 40g）；蒸山药（鲜山药 *60g）；香椿炒鸡蛋（香椿 30g，鸡蛋 50g）；脱脂牛奶（300mL）。

中餐

藜麦赤豆饭（藜麦 10g，大米 50g，赤小豆 *10g）；小白菜汆丸子（鸡胸肉 50g，小白菜 50g，鲜蘑菇 20g，枸杞子 *3g）；清炒油麦菜（油麦菜 130g）；苹果（200g）。

晚餐

茴香羊肉饺子（全麦面粉 95g，茴香苗 80g，羊肉 50g，香葱 10g）；木耳炒油菜（水发木耳 20g，油菜 100g）；百合炒西芹（西芹 100g，鲜百合 *20g）；饺子汤（300g）。

油、盐

全天总用量，植物油 25g，盐< 5g。

注：①本食谱提供能量约为 1600kcal，其中蛋白质约 74g，碳水化合物约 227g，脂肪约 41g；宏量营养素占总能量比约为：蛋白质 18%，碳水化合物 59%，脂肪 23%。②*为食谱中用到的食药物质，如山药、赤小豆、枸杞子等。

以上食谱摘自《成人肥胖食养指南（2024 年）》，扫描右侧二维码，下载更多食谱。

手掌

测量卡

在体重管理的科学征途中，精准量化每一顿食物的能量，是实现健康体重的关键密钥。从超市货架上的精挑细选，到灶台间的精心烹调，直至餐桌前的克制享用，只有建立系统的食物重量管理意识，才能为体重调控构筑稳固的膳食防线。

相较于实验室级的电子秤，人体自带的"手掌测量卡"展现出了独特的实用价值：如一拳头的主食约为 100g，一掌肉类约 50g，一捧 / 把蔬菜约

100g。这种将身体部位转化为营养天平的思维，将严谨的能量计算转化为触手可及的饮食智慧。

手掌测量法原理在于将手掌作为可视化参照物，通过手掌的不同部位（如掌心、手指等）来对应不同食物的重量范围。尽管这种方法不够精确，但其"零设备依赖、瞬时反应"的显著优势，完美适配现代快节奏生活场景。通过长期实践，不仅能培养敏锐的膳食感知力，还能让我们通过神经肌肉记忆形成自发性的食量调控机制，使健康饮食逐渐转化为无须刻意坚持的生活习惯。

手掌测量卡

一拳主食 → 100g米饭（约50g大米）　100g馒头（约62.5g面粉）

一掌肉类 → 65g带鱼段（可食部50g）　50g瘦肉

一把蔬菜 → 100g油菜 2棵（手长）　100g菠菜

一捧蔬菜 → 100芹菜　100g彩椒

运动是激活人体减脂潜能的"复合引擎"

唤醒身体的活力

唤醒身体的活力

身体活动是指由于骨骼肌收缩产生的能量消耗增加的活动，有规律的适量身体活动有益健康。缺乏身体活动是导致肥胖症的重要原因之一。单纯依靠节食减肥犹如"单腿跳高"——效果有限且难以持久，而运动才是人体自带的"脂肪燃烧加速器"。运动如同启动人体代谢的"组合拳"，既能精准打击顽固脂肪，又能重塑易瘦体质。

单纯依靠节食减肥犹如"单腿跳高"——
效果有限且难以持久，
而运动才是人体自带的"脂肪燃烧加速器"。

运动：
脂肪燃烧的加速器

运动是激活人体减脂潜能的"复合引擎"：一方面，有氧运动如跑步、游泳可每小时消耗 500 ～ 800kcal，更可持续激活后燃效应，让身体在静息状态仍保持脂肪分解状态；另一方面，运动时肌肉释放的鸢尾素如同天然食欲抑制剂，能向大脑传递饱腹信号，有效降低零食依赖。

更值得关注的是，通过运动锻炼增加的肌肉不但能提高基础代谢，而且能提升胰岛素敏感性。这种多机制协同作用，从能量消耗、食欲调控到代谢提高形成闭环，让减脂效果事半功倍。

动则有益！
快乐运动养成健康新习惯

有效体重管理是培养健康新习惯的开始，别把运动当成负担，每次锻炼都是燃烧能量、改善体质的好机会。新手可从多走路、爬楼梯等碎片化活动起步，逐步过渡到规律锻炼。每周最好进行 5 ～ 7 天中等强度的有氧运动，累计 150 ～ 300 分钟，如每天快走 / 游泳 / 骑车 30 ～ 60 分钟；每周穿插 2 ～ 3

每天快走/游泳/骑车
30～60分钟

每周穿插2～3次的力量训练
举哑铃/靠墙静蹲/俯卧撑
10～20分钟

次力量训练（举哑铃、靠墙静蹲、俯卧撑等），每次10～20分钟。运动减重非朝夕可成，其真谛在于持之以恒。将运动融入生活日常，让步行通勤、家务劳动皆成为燃脂契机，更需发现能点燃内心热情的运动形式，比如跳舞、游泳或球类。唯有将运动化为生活乐趣，方能持久践行，让健康习惯如呼吸般自然，在轻松愉悦中收获健康体态。

打破久坐魔咒，
重塑身体主权

久坐犹如慢性毒药，不仅会让脖子僵硬、腰背酸痛，还会影响血液循环，增加健康风险。建议长期伏案工作者，每工作1小时就起身活动3～5分钟，哪怕只是倒杯水、伸个懒腰，或做几个扩胸转肩动作。办公族可以试试踮脚尖、靠墙拉伸、深蹲等，既能缓解疲劳，又能预防颈椎、腰椎问题。记住：少坐多动，别让久坐悄悄偷走你的健康！

科学量化
你的运动强度

想知道你每天的运动量够不够？运动科学界有一个神奇的工具，可以帮你准确计算运动消耗，它就是代谢当量（MET）！ MET 是用来衡量身体活动能量消耗的单位。1MET 是休息静坐时的能量消耗速度，对大多数人来说，相当于每分钟每千克体重消耗 3.5mL 氧气。

根据 MET 值，运动强度可以分为四类：静态行为 ≤ 1.5MET；低强度 1.6 ～ 2.9MET；中强度 3.0 ～ 5.9MET；高强度 ≥ 6.0MET。通过 MET 值，不仅可以轻松了解自己的运动强度，还能计算出每次运动消耗的能量。

比如，一个体重 70kg 的人以 8.2MET 的强度运动 30 分钟，消耗的能量大约是：8.2MET×70kg×0.5h ＝ 287kcal

是不是很简单？快来试试用 MET 值评估运动消耗的能量吧！详见下表。

中国 18 ～ 64 岁健康成年人常见身体活动强度系数

活动类别	具体活动	MET	强度
不活动 / 休息	安静地躺着	1.2	静态行为
	安静地坐着	1.3	静态行为
	安静地站着	1.6	低强度
	坐姿：读书	1.4	静态行为
	坐姿：打字	1.7	低强度

续表

活动类别	具体活动	MET	强度
家务性劳动	洗涤衣物：叠、挂、熨烫、洗衣服	2.2	低强度
	拖地	2.6	低强度
	铺床：换床上用品	2.7	低强度
	整理房间：书桌、物品	2.7	低强度
	清洁：擦地板、打扫、清垃圾等	2.8	低强度
	购物：手推车	3.8	中强度
	购物：手提篮子	4.3	中强度
交通性活动	步行：3km/h	2.9	低强度
	步行：4km/h	3.3	中强度
	步行：5km/h	3.8	中强度
	步行：6km/h	5.2	中强度
	负重走：背部负重 4kg，5km/h	4.5	中强度
	户外骑行：10km/h	3.6	中强度
	户外骑行：12km/h	3.9	中强度
	户外骑行：13km/h	4.4	中强度
	户外骑行：15km/h	5.5	中强度
休闲性活动	跑步：5km/h	4.8	中强度
	跑步：6km/h	6.5	高强度
	跑步：7km/h	7.8	高强度
	跑步：8km/h	8.2	高强度
	跑步：9km/h	9.1	高强度
	登山：慢速，感觉有点累	6.1	高强度
	登山：中速，感觉稍累	8.7	高强度
	登山：快速，感觉累或很累	17.2	高强度
	平板支撑	2.8	低强度
	瑜伽	3.1	中强度
	广播体操：第九套	5.1	中强度
	广场舞：民族舞风格	5.5	中强度
	有氧健身操	7.3	高强度
	舞蹈：拉丁舞	7.0	高强度
	舞蹈：芭蕾舞	9.8	高强度

续表

活动类别	具体活动	MET	强度
休闲性活动	排球	4.1	中强度
	足球：颠球、双人传球、运球过人	4.7	中强度
	乒乓球	5.7	中强度
	篮球	6.1	高强度
	羽毛球	9.8	高强度
	网球	10.1	高强度
	跳绳：单摇并步，每分钟 100～130 次	10.2	高强度
	八段锦	3.2	中强度
	五禽戏	3.5	中强度
	太极柔力球	3.5	中强度
	太极拳：24 式简化，自由架势	3.7	中强度
	太极剑：32 式	4.5	中强度
职业性活动	农业劳动：推车、施肥、插秧、锄地、浇水等	3.9	中强度
	消防工作：水带操、负重跑、负重登楼等	3.8	中强度
	造船厂工作：木工	4.2	中强度
	造船厂工作：批铲、上下船舱	4.5	中强度
	造船厂工作：捶打工	5.6	中强度
	矿山工作：走路、风钻、把钎等	2.7	低强度
	矿山工作：推空车	3.9	中强度
	矿山工作：选矿	6.4	高强度
	矿山工作：推重车	8.4	高强度

基础代谢率预测公式：

女性基础代谢率 = 655 + 9.5× 体重（kg）+ 1.8× 身高（cm）- 4.7× 年龄（岁）

男性基础代谢率 = 66 + 13.7× 体重（kg）+ 5.0× 身高（cm）- 6.8× 年龄（岁）

身体活动能量消耗（包含基础代谢）计算公式：

MET 值（kcal/kg/h）× 体重（kg）× 活动时长（h）

总能量消耗预测公式：

基础代谢率 × 全天中非身体活动时间占比 + 身体活动能量消耗 + 食物热效应

注：食物热效应约占每日总能量消耗的 10%

注：引自《健康成年人身体活动能量消耗参考值》（T/CSSS 002—2023）。

唤醒身体的
元气开关

中医学认为，办公族、熬夜党因久坐少动易致肥胖，其机理可从三方面阐释：久坐伤脾，脾失健运，则水谷精微难化，聚为痰湿脂膏堆积；久坐碍气血，气血瘀滞，则代谢减缓，膏脂内聚难消；加之作息紊乱者常现胃强脾弱矛盾，食欲旺盛而运化不足，过量摄入则转为赘肉。此类肥胖多伴"啤酒肚""游泳圈"等局部脂肪堆积，需拍打按揉刺激经络穴位，疏通气血，调和脾胃，促进痰湿代谢，起到减脂塑形之效。

❶ 中医拍打经络

拍打经络减肥主要是循着中医经络，通过用手拍打相应的经络、穴位达到疏通经络的目的，还可以加速人体的气血运行和新陈代谢，帮助消耗体内脂肪，有助于改善身体比较肥胖的状态。

我们可以在三餐后，对带脉进行拍打。带脉是环绕在我们肚脐周围的一条脉络。拍打带脉有疏通气血经络及调节脾胃的功能。

具体操作： 在早餐后或者午餐后2小时左右，或者晚上睡觉前，站着或者坐着都行，双手握空拳，用拳眼部位轻轻拍打带脉部位，力度以感到轻微酸胀为宜，不要太用力，可以从后向前拍，也可以重点拍腰部两侧带脉穴的

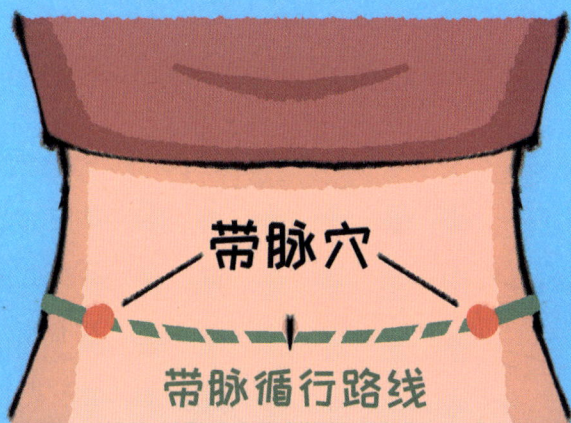

位置，交替进行，每次拍打 10 ～ 15 分钟即可。

注意：孕妇、月经期女性不宜拍打。

❷ 中医穴位按揉

我们的身体有许多穴位，可按摩足三里、中脘、脾俞、胃俞等穴位，增强脾胃功能。足太阴脾经和足阳明胃经是中医学所讲的关于脾胃的两条经络，二者互为表里，主消化和吸收功能。其中，足三里就是足阳明胃经的穴位。此外，还可以加天枢、合谷、丰隆、三阴交等穴位，通过按揉改善脾胃功能，促进消化，起到辅助减肥的作用。

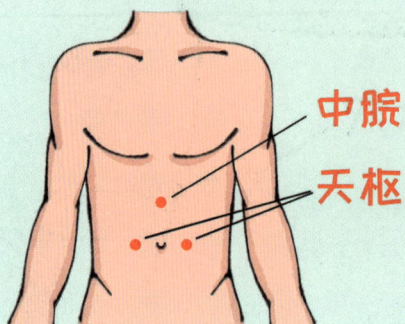

中脘
天枢

具体操作方法如下：

（1）位于腹部的中脘、天枢等穴位，多以波浪式的按揉。手掌并拢，用食指、中指、无名指的指腹按顺时针方向呈波浪式反复按揉，每次 20 ～ 30 分钟。

（2）位于四肢的穴位，如足三里、丰隆、三阴交、合谷等，多以按压的方式。以一手的拇指为主力，其余四指半握拳状为辅力在穴位上按压，双侧交替，每次 10 ～ 15 分钟。

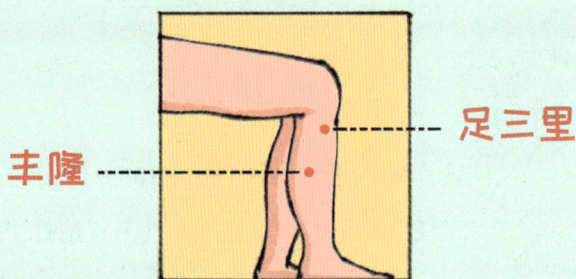

丰隆
足三里

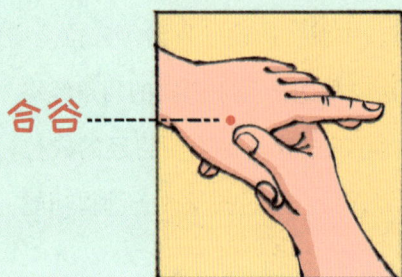

合谷

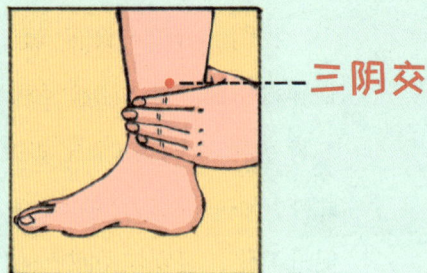

三阴交

低能量
减重食谱

早餐

虾皮萝卜丝菜团子（粗玉米面粉 50g，虾皮 5g，白萝卜 40g，胡萝卜 10g）+茶叶蛋（鸡蛋 50g）+脱脂牛奶（250mL）+鸡肝拌菠菜（菠菜 100g，熟鸡肝 10g）。

中餐

山药蒸米饭（鲜山药*100g，糙米 50g，赤小豆*10g）+醋椒鲈鱼（鲈鱼 50g，花椒*2g，细粉丝 15g，南豆腐 40g，葱姜 5g）+清炒蒿子秆（蒿子秆 100g）+雪梨银耳莲子羹（雪梨 50g，干银耳 5g，大枣*5g，莲子*5g）。

晚餐

金银花卷（全麦面粉 40g，玉米面粉 15g）+肉末炒茄丝（茄子 100g，猪肉 20g，香葱 10g）+木耳炒小白菜（小白菜 100g，水发木耳 20g）+海米冬瓜紫菜汤（海米 3g，冬瓜 50g，紫菜 3g，香菜 5g）。

油、盐

全天总用量，植物油 19g，盐< 5g。

注：①本食谱提供能量约为 1400kcal，其中蛋白质约 64g，碳水化合物约 198g，脂肪约 36g；宏量营养素占总能量比约为：蛋白质 18%，碳水化合物 59%，脂肪 23%。②*为食谱中用到的食药物质，如山药、赤小豆、花椒等。

以上食谱摘自《成人肥胖食养指南（2024 年）》。

过量饮酒与高能量饮食带来的健康隐患不容忽视

应酬族的
"防胖公式"

　　当今是职场与社交紧密交织的时代，频繁的商务宴请、朋友聚会等应酬成了许多人工作、生活的一部分。佳肴美酒虽使舌尖愉悦，却也给体重控制带来巨大挑战。过量饮酒与高能量饮食带来的健康隐患不容忽视。对于应酬族来说，如何轻松应对酒局与体重科学管理，在社交和工作需求与健康之间找到平衡呢？以下 5 个方面的建议，帮助您与肥胖"绝缘"，保持健康活力。

如何轻松应对酒局与体重科学管理，
在社交和工作需求与健康之间找到
平衡呢？

饮酒前：
聪明点餐，打好"前哨战"

❶ 主食打底，稳定血糖

应酬往往在晚餐时段居多，若我们空腹赴宴，酒精吸收更快，不仅易醉，还会刺激食欲导致进食过量。就餐时，我们可以先点一份粗粮主食，如玉米、红薯、杂粮馒头等。它们富含膳食纤维，消化吸收慢，能在胃黏膜表面形成一层保护屏障，延缓酒精进入血液的速度，同时能稳定餐前血糖，避免因低血糖引发的暴饮暴食冲动。

55

❷ 蛋白质"先锋"，缓冲酒精

适量吃一些高蛋白食物是饮酒前的优质选择。例如，我们可以在饮酒前点一盘白灼虾、卤牛肉片或凉拌豆腐丝。蛋白质在肠胃中需要较长时间消化，可与酒精"正面交锋"，减少其对肝脏的直接冲击，降低醉酒风险，而且饱腹感强，能够防止后续摄入过多的高能量菜肴。

❸ 蔬菜开胃，补充营养

清爽的蔬菜沙拉（少放沙拉酱）、凉拌时蔬等能开启味蕾，是营养平衡的载体，因其低能量、高纤维，在增加饱腹感的同时几乎不增加额外能量。蔬菜富含维生素、矿物质与抗氧化物质，在解酒代谢过程中起着关键辅助作用，帮助身体更快清除酒精，减轻肝脏负担。

饮酒中：
食物搭配，巧妙"制衡"

❶ 选对酒水品类，降低能量

如果可以选择，我们应优先选低度数酒类，如啤酒选清爽型低麦芽度，葡萄酒选糖分低者，白酒选低度纯粮酿造。高度白酒不仅能量高，且更易让人"上头"，使人在不清醒状态下吃下更多食物。同时，我们还要控制饮酒速度，多吃几口菜，避免短时间内酒精大量涌入身体。

❷ 搭配高纤维蔬菜，边喝边"减负"

酒过三巡，桌上菜品渐丰，此时我们应紧盯膳食纤维丰富的菜肴，如清炒西兰花、芹菜炒香干、炒芦笋等。膳食纤维像"海绵"，能够吸附酒精及食物中的油脂，裹挟它们排出体外，减少能量与有害物质吸收。而且，持续的咀嚼动作让人进食节奏放缓，给大脑充足时间接收"饱腹信号"，防止过量进食。

❸ 优质蛋白持续供能，平衡酒精代谢

在饮酒过程中持续补充蛋白质，像清蒸鱼、去皮鸡肉等，既能保证身体有能量应对酒精代谢消耗、维持体力，又能确保能量摄入始终处于可控范围。因蛋白质食物消化相对缓慢，饱腹感持久，身体便不会轻易被高能量甜品、油炸食物诱惑。

饮酒后：
补救点餐，化解"后患"

---

❶ 醒酒汤羹，舒缓肠胃

我们在结束应酬后，若肠胃不适、有醉意，喝一碗热乎的醒酒汤很关键。常见的醒酒汤有蜂蜜水、番茄汁、小米汤等。温热流食易消化，能快速补充身体水分、电解质，稀释残留酒精浓度，减轻胃部灼烧感，还能为身体补充因饮酒、进食不均衡缺失的营养，开启身体修复程序。

❷ 防止低血糖风险，适量补充能量

夜间应酬大量饮酒后，如餐食摄入不足或因酒精影响肝糖原代谢，可能

增加夜间低血糖风险，直接入睡还可能因饥饿感导致次日早餐暴饮暴食。这时如吃一小碗清淡温和的燕麦粥、绿豆粥或素馅蒸饺，既能提供碳水化合物补充能量、稳定夜间血糖水平，又不给肠胃造成消化负担。进食后建议间隔30分钟再入睡，给胃肠留出消化时间。

素馅儿

❸ 增加身体活动，减少能量摄入

吃完大餐之后，我们可以选择走路回家，或用做家务等方法来增加能量消耗。聚餐后的第二、第三天，我们可以适量减少全天总能量摄入，尤其是减少碳水化合物、油脂的摄入。

日常预防肥胖：
饮食持续优化

❶ 早餐升级，活力开启

应酬族常因晚睡晚起错过早餐或对早餐敷衍了事，这是体重失控的"导火索"。我们应每天精心准备早餐。一份无糖酸奶搭配坚果、水果燕麦片，或一份全麦面包夹煎蛋、生菜、番茄，再配一杯牛奶，能提供蛋白质、优质脂肪与膳食纤维。均衡的营养让新陈代谢从清晨就高速运转，能提升一整天的燃脂效率，还能稳定食欲，降低白天对高能量食物的渴望。

❷ 午餐均衡，扛饿不胖

午餐我们可以选糙米饭、藜麦饭等作为主食；配菜遵循"一荤两素"，荤菜以瘦肉为主，如宫保鸡丁、青椒炒肉丝，搭配清炒时蔬、菌菇汤。这样的组合包含丰富的营养物质。膳食纤维可促进肠道蠕动，蛋白质能维持肌肉量、提高基础代谢，碳水化合物可供能，确保下午精力充沛，且能量适宜，不会造成脂肪囤积。

❸ 晚餐清淡，少油少盐

晚餐千万别被烧烤、油炸食品吸引。我们可用冬瓜海带汤、青菜豆腐汤代替油腻的汤品；主食可选择玉米、燕麦；采用清蒸、白灼、快炒的方式烹制菜品。这样既能减少油脂与盐分的过量摄入，避免因夜间代谢减缓造成脂肪堆积和水肿，又能补充身体所需营养，让肠胃在夜晚得到放松，助力身体在睡眠时更好地代谢废物，维持健康的体重管理节奏。

❹ 加餐"轻食"，填补缺口

两餐间隔期间若感到饥饿，不要伸手就拿薯片、饼干这些食物充饥，我们可以准备一小份水果（如苹果、橙子）、一小把原味坚果、一小盒低糖酸奶等，它们既能及时补充体力，缓解饥饿感，又因能量可控，故能避免正餐前过度进食，让全天能量摄入曲线平稳，不给肥胖可乘之机。

中医食养辅助：
天然守护，解酒消水肿

中医讲："夫酒者，大热有毒，气味俱阳，乃无形之物也。"首先，饮酒容易助生湿热。大量或者长期饮酒，湿热反复刺激脾胃，导致脾胃受损，运化失常，消化吸收受阻，生出水湿困在身体里，就会出现肥胖，像我们常看到的"啤酒肚"就是因此产生。其次，饮酒会使"胃口好"。饮酒本身不一定会引起肥胖，但在饮酒过程中，大量肥甘厚腻食物的摄入，必将消耗脾胃的消化吸收功能，"沉重的负担"只会使脾胃愈加虚弱，食物无法更好地转化为能量，反而囤积起来变成脂肪，人也会越来越胖。

❶ 醒酒消水肿

葛花性味甘平,《食疗本草》言其能"消酒毒"。葛花善解酒毒、醒脾和胃解渴,可加速酒精代谢,使其排出体外,减轻酒后头晕、头痛、恶心等不适,还可缓解因酒精导致的身体水肿。我们可以用葛花 10g 直接水煮 20 ～ 30 分钟后服用;或者做葛花茶,用葛花、茶叶各 5g,开水冲泡后直接饮用。

❷ 酒后护脾胃

大量饮酒酒醒之后,养护脾胃、促进代谢更重要。山楂消食健胃、活血化瘀,陈皮理气健脾、燥湿化痰。酒后饮用山楂荷叶茶、陈皮茯苓茶等代茶饮可促进代谢。茯苓、白术、山药等中药可以健脾利湿、调理脾胃,减少饮酒对身体的伤害。

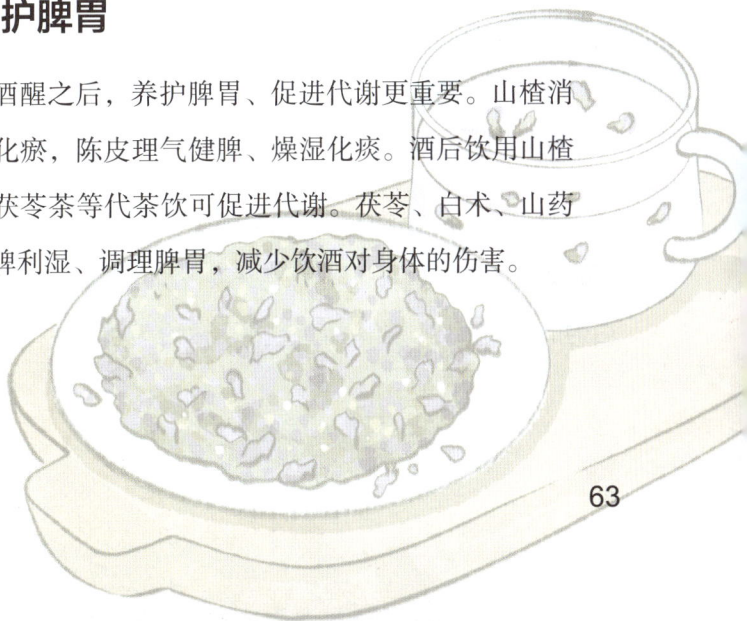

茯苓

陈皮

白术

山药

山楂

在外应酬点餐
食谱举例

在外应酬吃大餐时，菜品数量依人员数量而定。以 6 人为例，可选择 6～8 个菜品，按照低能量、高蛋白、高膳食纤维的食物搭配来避免肥胖，可参考以下食谱。

❶ 蔬菜类 3～4 个

蔬菜富含膳食纤维、维生素和矿物质，能量低，可增加饱腹感。蔬菜量应占总菜量的 1/2 左右，其中深色蔬菜占蔬菜类的 1/2。我们应多选择凉拌、清炒、白灼的烹调方式，如清炒西兰花、白灼菜心、凉拌木耳、香菇炒青菜等。

② 蛋白质类 2 ～ 3 个

蛋白质可增加饱腹感，且其在消化吸收过程中消耗的能量较多。我们尽量选择脂肪含量较低的蛋白质来源食物，且至少 1/3 为植物蛋白，如豆制品。动物蛋白多选择鱼、禽类。食谱推荐清蒸鱼、白灼虾、青菜炒豆腐、葱油鸡、白灼牛里脊。

③ 主食类 1 ～ 2 个

我们应选择全谷物、薯类等复杂碳水化合物，它们富含膳食纤维，消化吸收速度相对较慢，可提供持久的能量。食谱推荐糙米饭、蒸红薯、全麦面条等。

④ 其他

汤类应选择以多种蔬菜和豆腐为主要食材、清淡少油盐的蔬菜豆腐汤、鸡蛋蔬菜汤、海带汤等；饮料可选择低脂奶类；水果建议摄入 150 ～ 200g，多选择橙子、柚子、苹果、蓝莓等，既能解腻，又能补充维生素 C、胡萝卜素、膳食纤维等营养物质，增加饱腹感的同时能量也不高。

> 只要牢记这些饮食选择与中医食养妙招，精准把控每餐热量与营养，应酬族也能潇洒于社交场，轻盈在生活中，与肥胖说"再见"。用这些策略守护身体健康吧。

体 重 管 理 应 该 贯 穿 生 命 全 过 程

第六章

成 人 高 效 体 重 管 理

特殊时期的
"体重保卫战"

体重管理应该贯穿生命全过程，对于女性来说，在怀孕前、孕期、哺乳期、围绝经期（俗称"更年期"）更应该重视体重管理，打好"体重保卫战"。怀孕前超重肥胖的女性，

孕期更容易罹患妊娠期糖尿病、高血压等并发症，威胁自己和孩子的生命安全和健康。怀孕前超重肥胖、孕期体重控制不佳，还会导致胎儿体格过大，不利于自然分娩，也可能增加孩子未来罹患糖尿病等代谢性疾病的风险。产后哺乳阶段是女性减重的关键时期，乳汁分泌可消耗一部分体内过多的脂肪储备，有利于体重恢复。做好孕前、孕期、产后的体重管理对母子两代的健康都有重大意义。

怀孕前超重肥胖的女性，孕期更容易罹患
妊娠期糖尿病、高血压等并发症，
威胁自己和孩子的生命安全和健康。

月经期间，
合理饮食，关爱自己

规律的月经周期和适当的月经量是育龄女性健康的重要标志之一，月经期间要注重休息，维持健康饮食，保证基本营养摄入，不在经期过度控制饮食和减重，不吃寒凉食物（如雪糕、冰激凌，刚从冰箱取出的菜、饮料等），不吃或少吃刺激性的食物（如酒精、咖啡、浓茶、辣椒、花椒、胡椒、芥末等）。

体重达标，
备孕更轻松

怀孕前，夫妻双方应积极准备，做健康检查，纠正健康问题。女性怀孕前 3 个月开始每天补充叶酸 400μg，为保护胎儿神经发育储备充足的营养，同时调整饮食，注重食物搭配，根据体重调整目标，适量增减总能量摄入，使体重达到理想范围（BMI 为 $18.5 \sim 23.9\text{kg/m}^2$），并且离中间范围越近越好，如 BMI 为 $20 \sim 22\text{kg/m}^2$，可使机体有良好的营养基础，同时为后期体重增加留有一定空间。

孕早期，
体重管理需要"轻装上阵"

孕早期主要是胎儿神经系统发育的阶段，胎儿对宏量营养素（蛋白质、脂肪、碳水化合物）的需求不高，孕早期女性不用刻意多吃饭，维持孕前食量即可。妊娠反应严重时，采用少量多餐的形式，每天至少吃含有 130g 碳水化合物的食物（见下表）。孕前体重正常的女性，孕早期可以不增加体重；孕前体重不足的女性（BMI < 18.5kg/m²），孕早期体重可以增加 1 ～ 2kg；孕前超重或肥胖的女性，孕早期不增加体重，甚至需要小幅度减重，一般不会影响胎儿发育。

含 130g 碳水化合物的食物举例

米	180g（生重）
面	180g（生重）
薯类	550g
鲜玉米	550g
食物组合	米饭 200g（大米 100g）＋ 红薯 200g+ 酸奶 100g

孕中晚期，
每周跟进体重"进度条"

　　孕中晚期女性已经很好地适应了激素变化，胎儿的器官、骨骼、肌肉在逐步发育，需要摄入宏量和微量营养素。保证稳定、适度、持续的体重增长对胎儿健康发育至关重要，孕中晚期女性应每周测量体重，使体重变化在最佳范围内（见下表）。

孕中晚期
每周测量体重

妊娠期妇女体重增长推荐值

妊娠前体质指数分类	总增长值范围（kg）	妊娠早期增长值范围（kg）	妊娠中期和妊娠晚期每周体重增长值及范围（kg/w）
低体重（BMI < 18.5kg/m²）	11～16	0～2	0.46（0.37～0.56）
正常体重（18.5kg/m² ≤ BMI < 24kg/m²）	8～14	0～2	0.37（0.26～0.48）
超重（24kg/m² ≤ BMI < 28kg/m²）	7～11	0～2	0.30（0.22～0.37）
肥胖（BMI ≥ 28kg/m²）	5～9	0～2	0.22（0.15～0.3）

　　根据孕前体重正常妇女妊娠期体重增长图（扫描二维码查看）坚持记录体重变化，及时调整饮食和运动，使孕期体重增长总量达到理想范围，可以降低孕期并发症的风险，有助于顺利分娩。

◆ 小贴士 ◆

可以扫描右侧二维码，下载妊娠期妇女体重增长推荐值和妊娠期体重增长图（包括孕前低体重、体重正常、超重、肥胖妇女妊娠期体重增长图），追踪和控制自己的体重增长速度和范围。

扫一扫　下载资料包

73

哺乳期，
母乳喂养促健康，体重恢复黄金档

哺乳期是女性身体恢复的关键阶段，家人的支持是成功母乳喂养、身体快速恢复的最大助力！家人应该注重哺乳期女性的健康饮食，避免"月子"期间滋补过量。营养与健康状况良好的女性，可以动员部分孕期身体储备的营养到乳汁中。丰富多样，但不过量的食物有利于哺乳期女性的身体恢复。

产后减重不要操之过急，要循序渐进，在产后 6 个月或 1 年将体重减到比孕前重 2 ～ 3kg，产后 2 年左右恢复到孕前水平或者保持在正常体重范围，这些都是有利于健康的。

中国哺乳期妇女平衡膳食宝塔

依据《中国居民膳食指南（2022）》绘制

加碘食盐————5g
油————25g

奶类————300～500g
大豆／坚果————25g／10g

鱼禽蛋肉类————175～225g
瘦畜禽肉————50～75g
每周吃1～2次动物肝脏，总量达85g猪肝或40g鸡肝
鱼虾类————75～100g
蛋类————50g

蔬菜类————400～500g
每周至少摄入一次海藻类
水果类————200～350g

谷类————225～275g
全谷物和杂豆————75～125g
薯类————75g

水————2100mL

坚持哺乳
适当增加鱼禽肉蛋和海产品
愉悦心情，充足睡眠
足量饮水，适当多喝粥、汤
适度运动
每周测量体重，逐步恢复适宜体重
不吸烟，远离二手烟
不饮酒

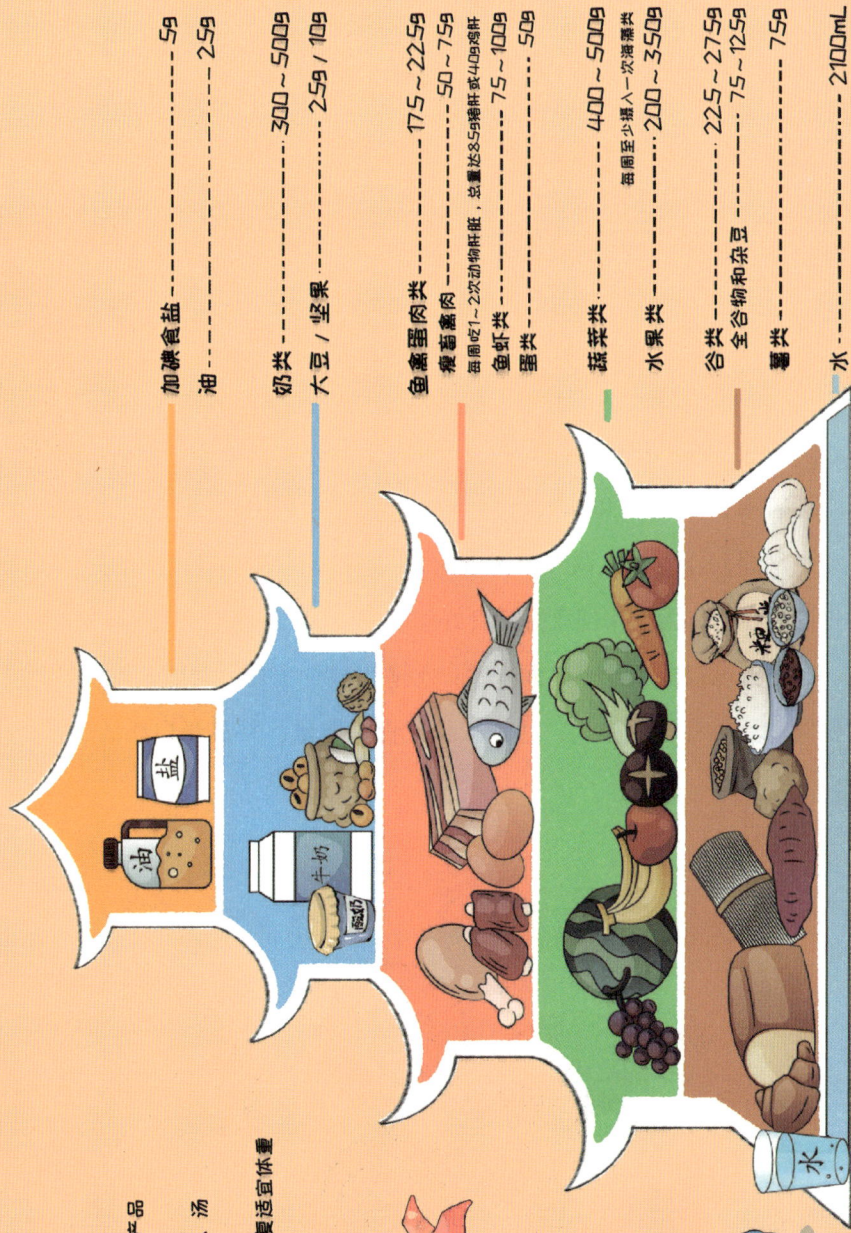

注：月子膳食亦适用

围绝经期，
回归自我，开心面对

受激素波动和机体代谢水平下降的影响，围绝经期
女性容易情绪波动和体重增长。通过积极参加集体活
动，培养兴趣爱好，调节饮食搭配和数量，可以平稳度
过围绝经期，为老年健康打下良好基础。

饮食可以从这几个方面入手：①适当减少主食，增加优质蛋白质的摄入，
如肉和豆类食物的摄入，达到减少饮食总能量、补足蛋白质的目标，预防体

重增加和肌肉衰减。②通过经常食用乳制品或补充钙剂，预防骨质疏松的发生。③维持低脂饮食，烹调时选择多不饱和脂肪酸含量高的油，如菜籽油、葵花籽油、橄榄油等，降低发生高脂血症的风险。④减少高糖食物的摄入，降低胰岛负担，降低患糖尿病的风险。⑤适量摄入高纤维食物，如红薯、玉米等，促进肠道蠕动，使大便通畅，保障肠道健康。⑥少吃刺激性食物，少饮咖啡和酒，避免加重围绝经期症状，保障睡眠质量。

女性多补铁，
补出红润好气色

女性从青春期至围绝经期均需注重补铁，弥补月经期、孕期、哺乳期的铁丢失，预防缺铁性贫血。通过摄入富含铁的食物（见下表）增加铁摄入量；摄入富含维生素 C 的食物增加铁的吸收率。富含铁的食物主要包括动物肝脏和血、铁强化食品和调味品，富含维生素 C 的食物主要是水果和蔬菜，如猕猴桃、柠檬等。

女性补铁食谱举例

菜名	猪肝炒柿子椒	鸭血炒韭菜	牛肉炖木耳胡萝卜
主要食材	猪肝 50g 柿子椒 150g	鸭血 50g 韭菜 150g	牛肉 80g 木耳（水发）100g 胡萝卜 50g
铁含量	12mg	17mg	9mg

从中医角度看，女性经期气血下行，气血集中于下腹部，会出现头晕、头痛及精神倦怠等症状，有部分女性在月经前期容易出现乏力、畏寒甚至感冒等，这些都是气血相对不足，不能温养机体，而出现阳气不足的表现；还有一些女性会出现经期情绪波动，这与肝血不足、肝失所养等有关。中医理论认为肝主藏精血，女性特殊时期气血汇聚于下腹部，因此会因肝藏精血相对不足导致肝失疏泄，肝气郁结，从而出现烦躁、容易发脾气等情况。

经期如果过度节食或运动也可能会造成气血生化不足或消耗过多，这样不但会加重上述症状，还可能引起月经不调、月经稀少等症状。因此，在经期减重需顺应气血变化规律，以"不伤根本"为原则，通过调理脏腑功能、促进代谢平衡来实现安全减重。经前可适当疏肝理气，中医理论认为"气行则血行"，气血运行顺畅，则经行顺畅，同时气机通畅可化痰浊、祛湿邪而辅助减肥；经后则要补气血，填补气血亏空，在日常饮食中搭配补气健脾的食品，这些食品有助于生成女性所需的气血物质，从而在体内形成一种良性循环。

同样的道理，从中医角度看，孕期胎儿依赖母体的气血滋养，此时女性需要更多的气血津液来养胎，减肥不当反而会影响到胎儿发育。哺乳期婴儿需要母乳的哺育，再加上此时激素变化导致乳母情绪有所波动，影响肝血的滋养，控制饮食可能会给女性造成不可逆的伤害，也影响婴儿的发育。所以，哺乳期

"减重"要循序渐进，饮食以补气养血为主。补气养血的饮食可以更好将女性摄入的食物转化为能量，并使之被母体或胎儿吸收，从而减少脂肪形成。补气养血饮食可参考下表中的药膳。

药膳举例

辨证分型	药膳	原料	制作	用量
血虚里寒	当归生姜羊肉汤	当归30g，生姜50g，羊肉500g	羊肉切小块，沸水焯水，热水炖至九分熟；放入当归和生姜，小火煲1小时，加食盐少许	佐餐食用，温服；每周食用3～5次
气血不足	红枣桂圆粥	桂圆10个，红枣6个，枸杞子5g，糯米200g	桂圆去皮与核，冷水泡软；红枣洗净、去核；枸杞子洗净，冷水泡软；糯米清洗，放入锅内，加水煮沸，放入红枣、桂圆，小火煮到米软烂；加入枸杞子，小火煮10分钟	作为主食；每周食用3～5次
脾虚气虚	党参黄芪炖鸡	母鸡1只，党参50g，黄芪50g，红枣10g，生姜3～4片	母鸡放入沸水中焯去血水，洗净；红枣洗净，去核；党参、黄芪洗净，切段；鸡放入锅内，加适量水，放入党参、黄芪、红枣、生姜，大火烧沸后，再用小火煲1小时，加食盐少许	佐餐食用，温服；每周食用3～5次

肥 胖 往 往 是 加 剧 "三 高" 病 情 的 重 要 因 素 之 一

"三高"患者的精准食养

随着生活水平的提高，"三高"（高血糖、高血压、高血脂）人群日益增多，而肥胖往往是加剧"三高"病情的重要因素之一。对于"三高"患者而言，科学合理的饮食不仅有助于控制体重，还能辅助调节各项生理指标，改善健康状况。以下是"三高"伴有肥胖者在饮食方面的注意事项及对应食谱示例。

科学合理的饮食不仅有助于控制体重，
还能辅助调节各项生理指标，改善健康状况。

糖尿病
合并肥胖患者的体重管理

糖尿病合并肥胖患者管理体重，需做到饮食、运动与监测三管齐下。此类人群在饮食方面要控制总能量摄入，做到食物多样、主食定量、蔬果奶豆丰富，多吃粗杂粮，限制高糖高脂食物；在运动方面应适度开展有氧运动和力量训练，增加能量消耗；另外还要定期监测体重、血糖，依据指标调整方案,确保安全减重、稳定控糖。

❶ 控制总能量

此类人群应根据年龄、性别、身高、体重、活动量等因素,精准计算每日所需能量,确保能量摄入低于消耗,以实现能量负平衡,促进体重下降。

❷ 合理分配碳水化合物

此类人群应选择低血糖生成指数(GI)的碳水化合物,如全谷物(糙米、全麦面包等)、豆类(绿豆、红豆等)、薯类(山药、芋头等)。它们被机体消化吸收得相对缓慢,能平稳血糖。每日碳水化合物供能占比为45%~60%,且应分散到三餐中,避免某一餐摄入过多。

❸ 适量摄入优质蛋白质

此类人群应优先选取瘦肉(猪里脊、牛腱子等)、鱼类(鲈鱼、鲫鱼等)、蛋类、低脂奶制品、大豆及其制品。这些食物既能提供饱腹感,又有助于维持肌肉量。每日蛋白质供能占比为15%~20%。

❹ 控制脂肪摄入

此类人群应减少饱和脂肪酸与反式脂肪酸,如动物油脂、油炸食品、糕点中的氢化油等摄入;增加不饱和脂肪酸,如橄榄油、鱼油、坚果中的优质脂肪等摄入。每日脂肪供能占比为20%~30%。

❺ 高膳食纤维饮食

此类人群应多食用蔬菜（尤其是绿叶菜）、水果（选择低糖品种且控制食用量）、全谷物等富含膳食纤维的食物，以延缓碳水化合物吸收，利于血糖控制与肠道健康。每日膳食纤维摄入量为 25 ～ 30g。

❻ 规律进餐

此类人群应定时定量进食，避免餐间零食与夜宵，防止血糖出现大幅度波动。这也有助于控制饥饿感与食欲。

食谱举例详见下表，摘自《糖尿病食养指南（2023 年）》。

食谱1	
早餐	红豆荞麦面馒头（赤小豆*10g，荞麦面粉 20g，面粉 20g） 脱脂牛奶（300mL） 荷包蛋（鸡蛋 50g） 韭菜炒绿豆芽（韭菜 100g，绿豆芽 100g）
中餐	杂粮饭（黑米 40g，大米 60g） 海带烧排骨（海带 80g，猪排骨 50g） 清炒苦瓜（红辣椒 20g，苦瓜 100g） 丝瓜鸡蛋汤（丝瓜 100g，鸡蛋 20g）
加餐	樱桃（100g），西瓜（50g），核桃（15g）
晚餐	蒸紫薯（紫薯 50g） 蔬菜卷（菠菜 100g，面粉 30g） 玉米糁粥（玉米糁 20g） 蒜泥茄子（茄子 100g） 酱牛肉（牛腱子肉 50g）
油、盐	全天总用量：植物油 20g，盐 5g

注：1. 本食谱提供能量约为 1600kcal。

2. *为食谱中用到的食药物质，如赤小豆。

续表

	食谱 2
早餐	三明治（鸡蛋 20g，芝士 5g，西红柿 25g，生菜 30g，全麦面粉 20g） 豆浆（250mL） 凉拌金瓜丝（南瓜 50g）
中餐	杂粮饭（玉米碴 25g，大米 75g） 清蒸鲈鱼（鲈鱼 80g） 木耳刀豆（木耳 25g，刀豆角 100g） 韭黄豆干（韭黄 100g，豆腐干 25g） 西红柿蛋汤（西红柿 50g，鸡蛋 25g）
加餐	鲜西梅（100g）
晚餐	杂粮饭（黑米 25g，大米 50g） 五味鸡腿（鸡腿肉 50g，生姜*3g） 清炒芦笋（芦笋 100g） 芹菜香干（芹菜 150g，香干 50g） 菌菇汤（香菇 20g，白玉菇 20g）
油、盐	全天总用量：植物油 20g，盐 4g

注：1. 本食谱提供能量约为 1600kcal。

2. *为食谱中用到的食药物质，如生姜。

高血压
合并肥胖患者的体重管理

　　高血压合并肥胖患者管理体重，应按照合理饮食与适量运动相结合的原则进行。此类人群在饮食方面要减少钠盐的摄入，增加钾的摄入，控制脂肪和能量，多吃蔬果粗杂粮，戒烟限酒；在运动方面要进行规律的有氧运动和适度力量训练，以循序渐进、长期坚持为要点，逐步减轻体重，改善血压状况。

① 限制钠盐摄入

　　此类人群每日食盐量应严格控制在 5g 以下，其中包括隐形盐（如酱油、咸菜、加工肉类等所含盐分），减少水钠潴留，降低血压。

❷ 增加钾摄入

此类人群应多吃富含钾的食物，如香蕉、橙子、土豆、菠菜等。钾可促进钠的排出，利于血压调控。钾钠摄入比保持在 2∶1 左右比较适宜。

❸ 控制体重与能量

此类人群同糖尿病患者一样，应该制造能量缺口，但体重减轻不宜过快，每周减重 0.5kg 左右为宜，以防血压波动过大。

❹ 摄入适量蛋白质

此类人群应保证优质蛋白质，如鱼类、禽类、牛奶、豆制品等供应。蛋白质有助于血管修复与血压稳定，应占总能量的 15%～20%。

❺ 减少脂肪摄入

此类人群应少吃动物内脏、肥肉、油炸食品等，以降低血脂，减轻动脉粥样硬化风险，进而辅助降压。

❻ 戒烟限酒

烟草中的尼古丁与酒精都会使血压升高，所以此类人群应戒烟并严格控制酒精摄入。男性每日酒精量不超过 25g，女性每日酒精量不超过 15g。

食谱举例详见下表，摘自《成人高血压食养指南（2023 年）》。

食谱 1	
早餐	馄饨（面粉 40g，猪肉 20g） 黑豆糙米荷叶粥（黑豆 10g，糙米 10g，荷叶 *10g） 清炒胡萝卜（胡萝卜 70g）
中餐	燕麦饭（燕麦 20g，粳米 50g） 蒜泥生菜（生菜 200g） 西芹百合（西芹 150g，百合 *20g） 叫花鸡（鸡肉 50g）
加餐	苹果（200g），低脂牛奶（200mL）
晚餐	红薯饭（红薯 50g，粳米 50g） 盐水河虾（河虾 100g） 清炒空心菜（空心菜 120g） 鲫鱼豆腐汤（鲫鱼 50g，豆腐 80g）
油、盐	全天总用量：植物油 20g，盐 4g

注：1. 本食谱提供能量约为 1600kcal。

　　 2. * 为食谱中用到的食药物质，如百合。

续表

	食谱 2
早餐	蔬菜饼（面粉 50g，西兰花 50g） 牛奶燕麦粥（牛奶 250mL，燕麦 50g） 木耳拌秋葵（木耳 20g，秋葵 50g）
中餐	二米饭（大米 30g，小米 20g） 小鸡炖榛蘑（鸡肉 100g，榛蘑 20g） 凉拌菠菜（菠菜 100g） 煎蛋丝瓜汤（鸡蛋 50g，丝瓜 100g）
晚餐	青菜鲜虾面（面粉 50g，香菇 50g，油麦菜 50g，虾 50g） 凉拌菜（柿子椒 50g，西红柿 50g，胡萝卜 50g，生菜 50g） 葡萄（200g）
油、盐	全天总用量：植物油 25g，盐 3g

注：本食谱提供能量约为 1600kcal。

高血脂

伴肥胖患者的体重管理

高血脂人群往往伴随着肥胖，他们的体重管理应着重从控制饮食和规律运动做起。高血脂伴肥胖患者在饮食方面应减少饱和脂肪酸和胆固醇摄入，增加膳食纤维，多吃低脂高蛋白食物；配合规律运动，首选快走、游泳等有氧运动，结合举哑铃、拉伸弹力带等力量训练，长期坚持，以降低血脂，减轻体重，提高身体代谢。

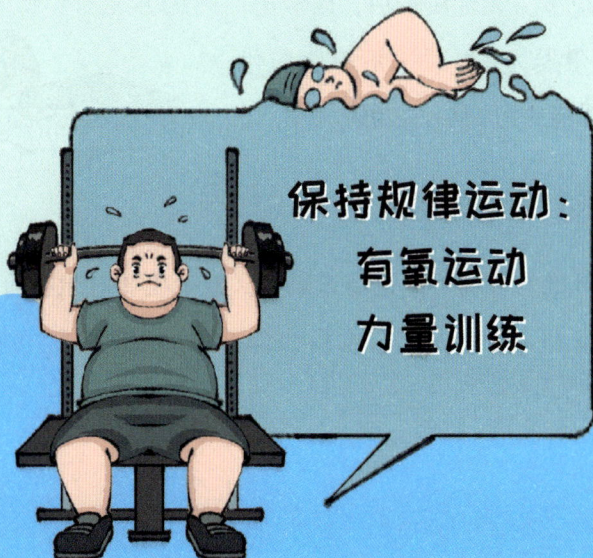

保持规律运动：
有氧运动
力量训练

❶ 控制脂肪总量，调整脂肪类型

此类人群每日脂肪供能比应控制在 20%～25%。减少饱和脂肪酸（小于 7%供能比）与胆固醇（小于 300mg）的摄入，多选择单不饱和脂肪酸（如橄榄油、茶籽油）与多不饱和脂肪酸（如深海鱼、坚果）。

❷ 适度摄入碳水化合物

此类人群应避免精制谷物与简单糖类摄入过多，以防转化为脂肪；应选择高纤维、低 GI 的碳水化合物来源，像全谷物、豆类。碳水化合物的供能比为 50%～60%。

❸ 提高蛋白质摄入量

此类人群应多摄入优质蛋白，以瘦肉、鱼类、豆类、蛋类为主，助力肝脏脂肪代谢。蛋白质的供能比为 15%～20%。

❹ 增加膳食纤维摄入

富含膳食纤维的食物可促进肠道蠕动，减少机体对脂肪的吸收。所以，此类人群应足量摄入新鲜蔬菜、水果和全谷物，每日膳食纤维摄入量不少于 25g。

❺ 规律饮食，控制食量

此类人群应定时定量用餐，避免暴饮暴食；晚餐不宜过饱，以减轻胃肠与肝脏代谢负担。

食谱举例详见下表，摘自《高脂血症食养指南（2023 年）》。

食谱 1	
早餐	全麦面包（全麦面粉 30g，高筋面粉 50g） 煮鸡蛋（鸡蛋 50g） 脱脂牛奶（300mL） 腐竹拌油麦菜（腐竹 10g，油麦菜 50g）
茶饮	山楂薏苡仁饮（山楂 *3g，薏苡仁 *15g，炒莱菔子 *3g）
中餐	荞麦面条（荞麦面粉 40g，高筋面粉 40g） 豆干肉丝（豆腐干 20g，胡萝卜 30g，猪瘦肉 40g） 香菇木耳炒芹菜（香菇 20g，木耳 30g，芹菜 200g） 虾仁紫菜丝瓜汤（虾仁 10g，紫菜 10g，丝瓜 100g）
加餐	橙子（200g）
晚餐	山药粥（山药 *60g，大枣 *3g，大米 40g，小米 30g） 芦笋炒香菇（芦笋 100g，香菇 50g） 洋葱西红柿烩牛肉（洋葱 20g，牛肉 50g，土豆 50g，西红柿 100g）
油、盐	全天总用量：植物油 20g，盐 5g

注：1. 本食谱提供能量约为 1600kcal。

　　2. * 为食谱中用到的食药物质，如山楂、薏苡仁等。

续表

食谱2	
早餐	山楂小米粥（山楂 *3g，大枣 *3g，小米 30g） 煮鸡蛋（鸡蛋 50g） 燕麦酸奶（酸奶 300g，燕麦片 10g） 凉拌紫甘蓝黄瓜（紫甘蓝 50g，黄瓜丝 100g）
茶饮	山楂甘草茶（山楂 *3g，甘草 *6g）
中餐	红芸豆米饭（红芸豆 10g，小米 10g，大米 70g） 香菇炒芹菜（芹菜 200g，香菇 20g，淀粉 5g） 洋葱西红柿烩牛肉（洋葱 20g，牛肉 50g，土豆 50g，西红柿 100g） 芪参鲤鱼汤（当归 *3g，黄芪 *3g，党参 *5g，生姜 *2 片，鲤鱼 60g）
加餐	橙子（200g）
晚餐	紫薯芋头粥（芋头 50g，紫薯 50g，小米 30g，大米 30g） 芦笋豆腐干（芦笋 150g，豆腐干 20g，口蘑 20g） 山楂黑木耳乌鸡汤（山楂 *6g，山药 *60g，木耳 20g，乌鸡肉 40g）
油、盐	全天总用量：植物油 20g，盐 5g

注：1. 本食谱提供能量约为 1600kcal。

2. * 为食谱中用到的食药物质，如山楂、甘草等。

"三高"
合并肥胖患者通用的食养补充

❶ 水分摄入

"三高"合并肥胖患者每日应保证 1500 ～ 2000mL 白开水或淡茶水摄入，以促进新陈代谢、排泄废物，降低血液黏稠度，但注意不要一次大量饮水，以免加重心脏负担。

❷ 分餐进食

"三高"合并肥胖患者，尤其是糖尿病患者，虽要控制每餐进食量，但也要防止饥饿引起的血糖大幅波动，可在正餐之外适量加餐。加餐可选择水果（低糖）、酸奶（低脂无糖）、坚果（少量）等。

"三高"合并肥胖患者应将每日摄入的食物分成5~6餐

加餐推荐：水果、酸奶、坚果

❸ 食物多样化

此类人群应确保每周摄入食物种类不少于 25 种，涵盖谷薯类、蔬菜水果类、畜禽鱼蛋奶类、大豆坚果类等，以全面获取营养成分，维持身体功能。

④ 烹饪方法选择

此类人群应多用清蒸、水煮、炖、焖、凉拌等健康烹饪法；少用或不用油炸、油煎、高温爆炒的烹饪方式，以减少油脂、能量与有害物质摄入。

⑤ 食物分量精准控制

此类人群可借助食物秤、量杯等工具，初期精准衡量食物分量，熟悉后凭经验估计，保证每餐能量、营养素摄入符合要求。

⑥ 进食顺序讲究

此类人群应按照蔬菜 – 动物性食物 – 主食的顺序进食。蔬菜富含膳食纤维，先吃可增加饱腹感；减少后两者摄入量，有利于血糖、血脂控制。

动态监测
与调整

① 自我监测

"三高"患者家中应常备血糖仪、血压计、体重秤，定期测量空腹血糖、餐后血糖、血压、体重等指标，每周不少于 1 次，并做好记录。自我监测指标记录表如下。

自我监测指标记录表

指标	糖尿病	高血压	高血脂
空腹血糖（mmol/L）			
餐后血糖（mmol/L）			
血压（mmHg）			
体重（kg）			

❷ 定期就医

"三高"患者每 1～3 个月应前往医院复诊，检查血脂、肝肾功能、糖化血红蛋白等项目，根据医生建议调整饮食及药物治疗方案。

❸ 食谱动态调整

"三高"患者若发现血糖、血压、血脂控制不佳，或体重下降过慢、过快，应及时分析原因，如是否食物分量有误、烹饪方式不当、运动量变化等，并相应调整食谱内容、进食量或烹饪细节。

"三高"患者减肥食养之路需长期坚持、精细规划，需依据个人身体状况和指标波动情况，不断优化饮食方案，同时配合适当运动、规律作息和必要的药物治疗，才能有效减重，稳定病情，提高生活质量。

"三高"患者每1～3个月应前往医院复诊，检查血脂、肝肾功能、糖化血红蛋白等项目

遵循四季更迭的自然规律，结合时令食材的特性调整饮食结构，

可以实现科学减重

四季食养 告别顽固性肥胖

四季食养告别顽固性肥胖

在减重的过程中，很多人尝试了节食、高强度运动，甚至使用了药物，但效果往往不尽如人意，甚至可能因方法不当而损害健康。其实，遵循四季更迭的自然规律，根据四季食养的原则，结合时令食材的特性调整饮食结构，不仅能科学减重，还能改善体质，重塑健康体态。

春　疏肝理气

夏　健脾祛湿

秋　滋阴润燥

冬　温阳补肾

遵循四季更迭的自然规律，根据四季食养的原则，
结合时令食材的特性调整饮食结构，不仅能科学减重，
还能改善体质，重塑健康体态。

春季：
疏肝理气，唤醒代谢

> 春季自然界阳气生发、万物复苏，人体也应顺应这一规律，调理自身的气血和脏腑功能。春季减重要符合人体代谢逐渐旺盛的自然趋势，这样有助于更好地调节身体功能，提升减重效果。

❶ 为什么要疏肝理气

春季与肝脏相应，中医学认为肝主疏泄，具有疏通、畅达全身气机，以及调畅情志、促进消化吸收等功能。若肝气郁结，会导致气机不畅，进而影响脾胃的运化功能，使水湿、痰饮等代谢产物停留聚集在体内，导致肥胖。因此，想要在春季减重，就要注重疏肝理气，使气机调畅，脾胃运化功能正常，减少代谢产物积聚。首先，我们要保持心情愉悦，避免抑郁、焦虑，因为中医学认为肝气郁结则克脾土，从而影响消化功能。其次，我们要注意饮食清淡，减少油腻和高糖食物的摄入，可以适当多吃一些辛温升阳类食物（如葱、姜、韭菜等）以顺应春季阳气升发的规律，同时阳气升发可以温化整个冬季停留在身体内的寒湿、痰湿等，清除代谢废物，辅助减重。

❷ 食养方举例

燕麦蔬菜粥

材料

燕麦 50g，豌豆苗 80g，鲜山药 50g。

功效

燕麦可健脾益胃，富含膳食纤维，可促进肠道蠕动，还有缓解便秘的作用；豌豆苗色青入肝，性偏凉，可疏肝清热，补充维生素和矿物质；鲜山药可健脾补气。

枸杞叶瘦肉汤

材料

枸杞叶 100g，瘦肉（推荐使用猪里脊肉）80g，姜片 2 片。

功效

枸杞叶可以清肝明目；瘦肉可以提供优质蛋白，脂肪含量低且易于消化；

姜片可以升阳祛寒。

玫瑰花茶

材料

玫瑰花 5 朵，山楂 3 片，陈皮少许。

功效

玫瑰花有疏肝解郁、理气和胃的功效，搭配消食的山楂、健脾的陈皮，共同起到疏肝、助消化的作用，帮助身体消除多余的能量。

夏季：

健脾祛湿，加速燃脂

夏季是阳气最旺盛的季节，人体代谢加快，但暑湿天气最易困脾，影响脾胃的消化吸收，常常使人出现倦怠乏力、面部油腻、饭后腹胀、易疲劳、大便黏滞等情况，导致身体水肿、虚胖、消化不良。中医学认为，夏季减重要顺应"春夏养阳"的养生法则，以健脾祛湿为主，以清热解暑为辅，避免吃过多清热类食物或药物，若导致阳气受损，反而会使身体内的湿浊更甚，使减重更加困难。

❶ 为什么要健脾祛湿

中医学认为，肥胖与脾虚湿阻密切相关。脾主运化，若脾虚则运化失常，水湿内停，容易导致肥胖。夏季气候炎热，人们难免通过喝冷饮、喝凉茶、吹空调来降温解暑，但这样感受的寒湿邪气非常容易伤害脾胃。中医学认为，脾喜燥恶湿，故每逢夏季，湿热之气盛行，脾胃常首当其冲，容易出现功能受损，无法更好地完成消化吸收，引起湿气内聚，阳气消耗，代谢减慢。所以，夏季减重要顺应气候特点及人们的饮食习惯，以健脾祛湿为主，切勿盲目清热解毒。

❷ 食养方举例

荷叶茯苓粥

材料

鲜荷叶 1 张，茯苓 10g，粳米 50g。

功效

鲜荷叶性平、味苦，既能清解暑热，又能升发阳气，改善脾虚湿困引起的水肿等；茯苓可健脾补气祛湿。所有材料共用可有效改善水湿内停引起的肥胖。

老鸭冬瓜汤

材料

老鸭半只，冬瓜（带皮）200g，薏米 30 克。

功效

老鸭肉偏甘寒，滋阴而不腻；冬瓜可清热解暑、降脂通便，被称为利水消肿的夏季"瓜王"；薏米可健脾利湿。老鸭冬瓜汤是一道滋阴而不腻、祛湿而不伤正的养生汤。

凉拌苦瓜鸡丝

材料

苦瓜 150g，鸡胸肉 80g，木耳少量。

功效

苦瓜有清心降火的功效，其所含能量低，同时富含膳食纤维，能增强饱腹感，减少食物摄入；鸡胸肉是高蛋白、低脂的"健身黄金食材"，既能满足增肌需求，又是减脂期的饱腹"神器"。

秋季：

滋阴润燥，平衡代谢

> 秋季阳气收敛，人体的代谢进入一个相对缓和的时期，减重要适当"收大于泄"。中医学认为，秋季主金，主燥，是肺经的当令季节，秋季肺气强可助脾运化，但燥邪过盛会耗伤脾阴，反而加重以痰湿为主的肥胖。肺与大肠相表里，通过肺－大肠的代谢途径，顺应"秋冬养阴"的养生法则，在秋季滋阴润肺、润燥通便，可帮助减重。

❶ 为什么要滋阴润燥

秋季的燥邪容易损伤人体的津液，导致口干舌燥、皮肤干燥、大便干结等症状。中医所说的津液具有滋润、濡养、调节代谢等多种功能。当津液受损时，不仅会影响身体的正常生理功能，还会导致代谢紊乱，影响减重效果。因此，秋季减重需要特别注重滋阴润燥、补充津液，以维持身体的正常代谢和生理功能。

❷ 食养方举例

乌梅陈皮饮

材料

乌梅 3 个，陈皮少许，山楂 3 片，桂花少量。

功效

乌梅酸甘化阴，收敛生津，能刺激唾液分泌，缓解口干舌燥；陈皮可健脾开胃；山楂可消食，尤其善消油腻荤腥，与其他材料搭配起来制成乌梅陈皮饮，更加适合饮食积滞、消化不良的人群饮用。

佛手瓜炖排骨

材料

佛手瓜半个，排骨 200g。

功效

佛手瓜具有健脾开胃、理气和中、疏肝解郁的作用，搭配排骨食用可补充蛋白质，增强免疫力。这个秋季食养方清甜不腻，有健脾祛湿的效果。

凉拌银耳魔芋

材料

银耳适量，魔芋结 100g（大约 10 个），黄瓜半根。

功效

银耳可滋阴润燥、清热开胃，与魔芋结都是能量低、膳食纤维含量高，并且能够增强饱腹感、减少能量摄入的食材。这道低能量、高膳食纤维的凉拌菜清爽可口，具有润燥、清热、通便的功效，适合在减重期间食用。

冬季：
温阳补肾，提高燃脂效率

冬季自然界万物闭藏，人们的活动相对减少，机体的能量消耗亦减少。五行学说中冬季属水，与人体的肾相应。中医学认为，肾为先天之本，肾阳为一身阳气之根本。我们在冬季应顺应自然规律，注重保养肾阳，以增强身体的抗寒能力和代谢功能，这样才有助于减重。

❶ 为什么要温阳补肾

阳气具有温煦、推动、防御等功能，温阳可以促进气血运行，增强脾胃的运化功能，使水谷精微得以正常转化和利用，避免水湿痰浊内生。同时，阳气的温煦作用可以促进脂肪的分解和"燃烧"。冬季天气寒冷，人体阳气容易受到损伤，导致代谢减缓，脂肪堆积增加，在冬季温阳补肾，可以增强肾阳的功能，从而提高身体的代谢能力，促进脂肪的分解和消耗。

❷ 食养方举例

羊肉萝卜煲

材料

羊肉（优选脂肪含量低的羊腿肉）100g，白萝卜200g，生姜2片。

功效

羊肉可温
补肾阳、祛寒
暖胃，适合肾阳
虚、畏寒怕冷的人群食
用，尤其适合女性食用；白萝
卜有理气消食、化痰、通大便等作用，并且含有膳食纤维，能提供较强的饱
腹感，以减少其他高能量食物的摄入。

桂圆红枣蒸南瓜

材料

老南瓜 200g，桂圆肉 15g，红枣 1 ～ 2 个。

功效

老南瓜可补中益气，含有丰富的维生素、矿物质及膳食纤维，有增强免
疫力、促进消化的作用；桂圆肉可补心脾、安神。该食养方既可以补充冬日
所需的能量，又可以让人摄入丰富的膳食纤维，较好地控制能量。

小茴香鲫鱼汤

材料

小茴香 3g（纱布包裹），鲫鱼 1 条，姜片 3 片，陈皮少量。

功效

小茴香性温，有温胃散寒、促进消化等作用；鲫鱼不但有健脾开胃、益
气补水的功效，还有较高的营养价值；加少量陈皮可加强理气健脾之功效。

有个"隐形帮手"每天能帮我们燃烧脂肪，它就是睡眠

优质睡眠的神奇减脂魔法

近年来，随着生活节奏的加快和工作压力的增加，"睡眠肥"这一现象越来越受到关注。所谓"睡眠肥"，指的是长期睡眠不足或睡眠质量差导致的体重增加。西医学认为"睡眠肥"现象与人体内激素水平失调和代谢紊乱相关，中医学认为这种现象与肝肾功能失调密切相关。"管住嘴，迈开腿"一直被认为是减脂的铁律，其实还有一个"隐形帮手"每天都能帮我们燃烧脂肪，它就是睡眠。

有一个"隐形帮手"
每天都能帮我们燃烧脂肪，它就是睡眠。

睡眠不足
会导致易胖体质

西医学认为，睡眠不足会影响体内多种激素的分泌，如瘦素、胃饥饿素及皮质醇等，这些激素水平的变化不仅会让人食欲大增，尤其是对高能量食物的渴望增加，还会降低基础代谢率，使身体更倾向于储存脂肪。

此外，长期熬夜还可能导致胰岛素抵抗，进一步增加肥胖风险。很多人熬夜时总想吃炸鸡、喝奶茶，这不是意志力差的表现，而是身体的"求生反应"：熬夜时，大脑对高能量食物的敏感度提升30%；味觉感知发生变化，需要吃更甜、更油的食物才能获得满足感。美国斯坦福大学做过一项试验，两组人住在同样的环境里，吃同样的食物，只是睡眠时间不同，结果少睡组平均每人每天多摄入385kcal，相当于多吃4块炸鸡。有研究发现，连续2周每天少睡1.5小时的人，即便正常吃饭，腰围也会悄悄增长1cm，这是因为睡眠不足时，身体会误以为遇到了危机，进而自动囤积脂肪备用。每晚多睡1.25小时，可使人体单日摄入能量减少约270kcal（相当于60kg的女生慢跑40分钟的能量）。

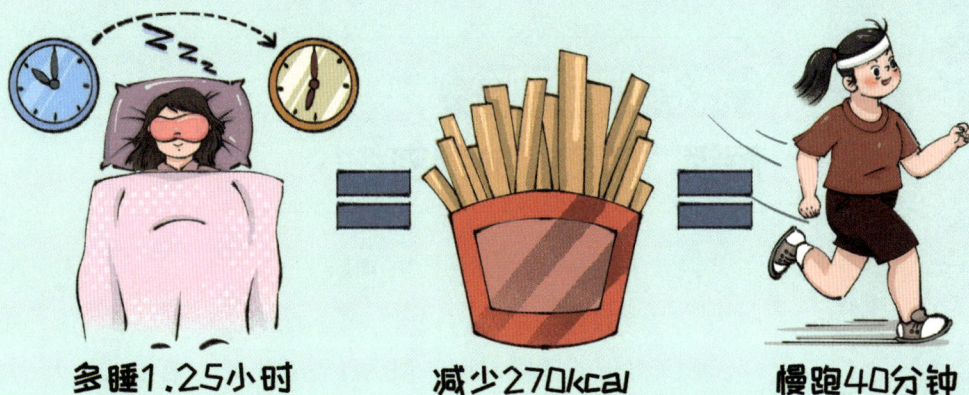

多睡1.25小时　＝　减少270kcal　＝　慢跑40分钟

中医学认为，长期熬夜会打乱人体的生物钟，影响脏腑的正常休息和修复，尤其是对肝、脾、胃的影响较大。肝脏在夜间需要进行解毒和自我修复，如果熬夜，肝脏的功能就会受到损害，进而影响其对脂肪的分解。同时，熬夜还会导致脾胃虚弱，因为夜间是脾胃休息和调整的时间，熬夜会使脾胃得不到充分的休息，进而导致运化功能下降。此外，过度劳累，无论是由体力劳动还是脑力劳动所致，都会耗伤人体的正气，使身体的抵抗力下降，脾胃

功能也会受到影响，从而更容易导致肥胖。

睡眠不足导致易胖体质最典型的例子是倒班工作者。经常倒班的人群就像不断经历时差综合征一样，代谢系统长期处于混乱状态，这类人群肥胖的概率比正常作息者肥胖的概率高 29%。因此，保证充足的睡眠是维持健康体重的重要方面之一。均衡饮食、适量运动也是非常重要的。

获得优质睡眠，
解锁"躺瘦"的秘密

成人每天的睡眠时间一般为 7 ~ 8 小时，老年人每天的睡眠时间为 6 ~ 7 小时。同时，需要保证足够长的深度睡眠时间。在深度睡眠阶段，人体内瘦素的分泌会增加，胃饥饿素的分泌会减少，有助于燃烧脂肪、减少食量。中医理论强调，合理安排作息、保证充足睡眠对调节代谢至关重要。夜间睡眠时段是脾胃运化的关键时期，此时摄入的食物能被有效转化为精微物质并输布全身，减少水湿、痰浊等代谢废物的滞留，从而控制体重。同时，1:00 ~ 3:00

是肝脏功能最活跃的阶段，规律作息能保障肝脏正常发挥解毒和代谢功能。在睡眠状态下，人体气血运行更为顺畅，既能补充能量，又能高效排出代谢废物，使人晨起后感到身体轻盈。

那么，我们如何才能获得优质睡眠呢？

❶ 作息规律

顺应四时，起居有常，保持规律的入睡和起床时间，避免熬夜，在周末和节假日也按时睡觉、起床，保持生物钟稳定，有助于获得优质睡眠。一般21:00或22:00是大脑开始分泌褪黑素的时间，22:00～2:00是褪黑素分泌的黄金时间，22:00前睡觉更有益于健康。我们可以效仿古人"日出而作，日落而息"，按照自然的昼夜变化工作和休息有利于保持身体健康。

❷ 睡前半小时不使用电子产品

褪黑素的分泌与光线密切相关，手机、电脑等电子产品在使用时会发出蓝光，影响睡眠，因此睡前半小时不使用手机等电子产品，有助于保持身体内部激素水平的稳定。

❸ 睡前不吃零食

睡前两三小时不要吃高能量食物，睡前半小时不要吃任何食物，如果实在感觉饿，可以选择少量低脂牛奶，或者西红柿、黄瓜等低能量食物。

❹ 重置生物钟节律

逐渐调整睡觉时间，每次比原来早睡15～30分钟，每2～5天调整一次，直到调整到最佳的睡觉时间。

不 能 吃

睡前2~3小时

❺ 将咖啡和茶安排在上午喝

咖啡、浓茶等含有咖啡因，喝咖啡、浓茶会影响睡眠，最佳的喝咖啡时间是 8：00 ～ 12：00，如果想喝茶，建议喝淡茶水。

❻ 适当运动

适当运动不仅有助于"燃烧卡路里"，还会让心情愉悦。晨间运动可选择快走、瑜伽等项目。17：00 ～ 19：00 肌肉细胞的胰岛素敏感性达到峰值，可进行抗阻训练。睡前 3 小时停止剧烈运动，否则会让人兴奋，不易入睡。尽量在傍晚完成运动，留出足够的时间放松身体，这样可以更好地入睡。

❼ 适当多晒太阳

适当多晒太阳，尤其是在早晨晒太阳，时长控制在 20 ～ 30 分钟，有助于调节生物钟、提升情绪、促进代谢，从而改善睡眠，但要注意避免暴晒。

8 睡前泡脚

睡前 1 小时用热水泡泡脚，能够放松肌肉、缓解压力、促进血液循环，进而促进睡眠。泡脚时应注意水温不要过高，时间不宜过长，一般建议控制在 15 ～ 30 分钟。如果您患有糖尿病、心血管疾病等，需咨询医生是否适合泡脚。

中医养生的
睡眠密码：肝肾调和，眠安体健

在中医理论中，肝主疏泄，调畅情志；肾藏精，为生命之本。当肝气郁结时，人容易出现烦躁、焦虑等情绪问题，进而影响睡眠质量。与此同时，肝郁化火还可能刺激肠胃，使人对高能量食物产生强烈渴望，从而导致暴饮暴食。如果肾精亏虚，身体的基础代谢率会下降，脂肪燃烧效率降低，还会伴有腰膝酸软、精神萎靡等问题。肝肾功能失调还会进一步影响脾胃运化，导致痰湿内生，表现为脂肪堆积、浮肿、皮肤油腻等。

要想从根本上改善睡眠质量并解决因睡眠不佳引发的健康问题，调理肝肾功能尤为关键。中医学认为，许多食材不仅能够满足日常饮食需求，还具有调理身体、预防疾病的作用，即"药食同源"。肝肾功能协调时，人体气血运行顺畅，精神安定，睡眠自然深沉安稳，还能促进代谢、减少痰湿堆积，从而帮助身体恢复轻盈与活力。因此，我们可以借助药食同源的理念，通过日常饮食来滋养肝肾，达到安神助眠的目的。

助眠

食养方

❶ 酸枣仁莲子羹

材料

酸枣仁（捣碎）15g，莲子 20g，百合 15g，粳米 50g。

做法

将各物洗净，先加水煮酸枣仁 30 分钟后去渣，再加入莲子、百合、粳米煮成粥。

功效

养心安神，补肝血（适合多梦易醒、虚烦不眠者食用）。

龙眼
红枣粥

酸枣仁
莲子羹

陈皮
山楂饮

❷ 陈皮山楂饮

材料

陈皮 5g，炒山楂 10g，茯苓 10g。

做法

将各物洗净，加水煮 30 分钟，饭后饮用。

功效

消食和胃，改善"胃不和则卧不安"。

③ 龙眼红枣粥

材料

龙眼肉 15g，红枣 10 枚，粳米 100g。

做法

将各物洗净，加水煮成粥。

功效

健脾养心，补气血（适合思虑过度、面色苍白者食用）。

助眠小贴士：

穴位按摩

---

① 安眠

定位

耳垂后方凹陷处。

手法

拇指点压式按揉 150 ～ 200 次。

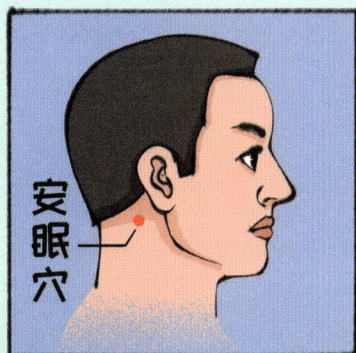

② 涌泉

定位

位于足底部，在蜷曲脚趾时脚掌凹陷处。

手法

先沐足，随后用拇指按压该穴位 100 次。

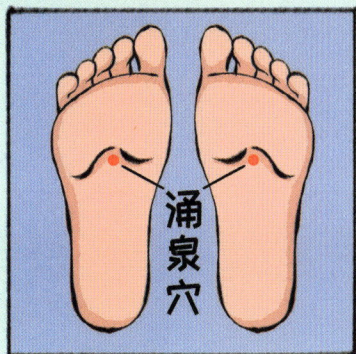

119

很多人在减肥成功后，往往会面临体重反弹的困扰

不反弹的
"防胖系统"

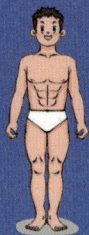

很多人在减肥成功后，往往会面临体重反弹的困扰。这种"瘦了又胖"的现象不仅让之前的努力付诸东流，更会严重打击信心，就像玩溜溜球一样，体重反复上下波动，这种现象被称为"溜溜球效应"。

像玩溜溜球一样，
体重反复上下波动，
这种现象被称为"溜溜球效应"。

溜溜球
效应

"溜溜球效应"就像减肥后的"反弹陷阱"，很多人瘦下来后，心理上容易放松，觉得"该奖励自己一下"，结果一不小心又吃多了。另外，脂肪细胞就像有"记忆"一样，一旦恢复不健康的饮食习惯，它们就会快速膨胀，导致体重迅速反弹，甚至比之前更重。这是因为减肥时，身体为了适应吃得少的情况，会自动放慢代谢速度，减肥后身体消耗脂肪的能力变弱了，稍微多吃一点，体重就很容易反弹。

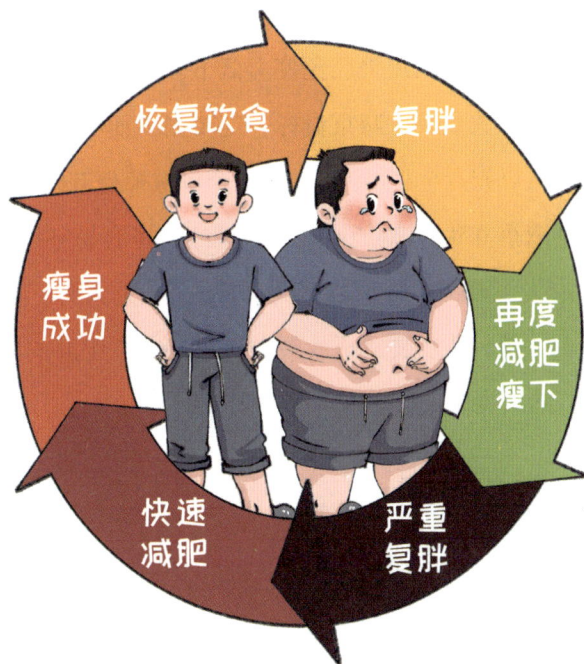

避免反弹的 "小秘诀"

虽然完全避免反弹很难，但做好5件事能大大降低风险：定目标、管住嘴、迈开腿、好心态、每周测。这5件事可以让体重管理更科学、更有效。

① 定目标

想要健康减肥不反弹，控制减重速度是关键！减肥太快会导致身体营养跟不上，出现头晕、乏力等表现，严重者会代谢紊乱、肌肉流失、免疫力低下。保持安全的减重速度对于长期健康和体重管理至关重要。减重目标一定要因人而异，对于大多数超重和微胖人群来说，可以先定个小目标：3～6个月减掉现有体重的5%～15%。一般情况下每周减重0.5kg，既能明显改善健康，也容易坚持，减少反弹的风险。如果是初始体重较高（如BMI超过30kg/m²）的人群，初期减重速度较快，但随着体重下降，速度要逐渐放缓。如果是严重肥胖的人群，建议到专业的减肥门诊，让医生制定科学合理的减肥计划。

② 管住嘴

计算每日所需能量（可以利用小程序等电子工具），根据基础代谢率和总能量消耗创造适度的能量赤字（300～500kcal/d），可以避免过度节食。过度节食（＜800kcal/d）可能导致代谢减慢、情绪低落和营养缺乏。

扫一扫 计算每日所需能量

营养健康 计算器

在饮食上做到食物多样、粗细搭配、荤素搭配；保证优质蛋白质的摄入，确保每天摄入足够的优质蛋白质（如鱼、鸡胸肉、蛋、大豆等）；多吃全谷物、蔬菜和水果等食物；避免高能量和高糖的食物；少吃油炸油煎食物；规律进餐；多在家吃饭，少在外就餐。

目前，间歇性断食（轻断食模式）有益于体重控制和代谢改善。一般采取 5 加 2 模式，一周中 5 天正常吃饭，选不连续的 2 天轻断食（比如周二和周五），男性这两天可每天吃 600kcal 的食物，女性这两天可每天吃 500kcal 的食物，相当于平时饭量的 1/4。这种方法既能控制能量，又不会天天挨饿，更容易坚持。

❸ 迈开腿

运动是减肥过程中的重要一环。前面章节已经提到，运动不仅能燃烧脂肪，还能增强肌肉、提高代谢，让身体更健康有活力。建议结合有氧运动和力量训练进行运动。每周安排 5 ～ 7 次有氧运动（如跑步、游泳、骑自行车），每次坚持 30 分钟到 1 小时；每周安排 2 ～ 3 次的 10 ～ 20 分钟力量训练（如举哑铃、深蹲、俯卧撑），可以增加肌肉量，从而提高基础代谢率。

❹ 好心态

压力激素"皮质醇"会促进腰腹脂肪堆积。我们应避免情绪化饮食，学会识别饥饿与情绪之间的区别，如每天进行 5 分钟深呼吸，尝试通过冥想、阅读或其他爱好来缓解压力。可以将减肥大目标分解为小目标，逐步增强信心，减肥是一个长期过程，要保持耐心，不要因为短期波动而气馁。

⑤ 每周测

我们应重视体重记录。每周使用同一台电子秤固定时间称重一次，科学监控身体变化趋势，避免频繁称重带来的焦虑。

除记录体重外，还可以观察腰围、体脂率等，综合评估减脂效果，定期评估，如果发现减肥停滞或速度过快，可及时调整饮食和运动计划。

另外，要注意女性经期前一周体重可能增加 1 ~ 2kg（正常现象），前一天高盐饮食可能导致水分滞留；力量训练后肌肉可能有暂时储水现象。

突破减肥
平台期

减肥初期体重往往快速下降，但随着时间推移，体重可能突然停滞不前，无论怎么努力都难见变化，这就是所谓的"减肥平台期"。平台期虽令人沮丧，却是身体提醒调整减肥策略的信号。只要掌握科学的方法，完全可以突破这个瓶颈，继续迈向目标体重。

① 调整能量赤字

随着体重下降，每日能量需求也在减少。如果最初的饮食计划没有及时调整，可能已经无法创造足够的能量赤字。我们应重新评估基础代谢率和总能量消耗，适当每天减少 200 ～ 300kcal 能量的摄入量；避免过度节食，极低能量饮食可能导致新陈代谢进一步减慢，反而延长平台期。

② 改变运动模式

身体易适应固定运动模式，可尝试多样化的运动形式。如果一直在做同样的有氧运动，比如每天跑步 30 分钟，可以尝试加入高强度间歇训练，或者增加跑步的速度和距离。配合力量训练（如深蹲、硬拉、俯卧撑等）提升肌肉量和代谢率，可以帮助身体更高效地燃烧脂肪。也可以尝试瑜伽、游泳或骑自行车等新项目，既能激发兴趣，又能刺激身体适应新的挑战，但要避免过度训练，防止身体劳损和代谢紊乱。

❸ 优化饮食结构

增加蛋白质摄入，不仅能保护肌肉，还能增强饱腹感，并在消化过程中消耗更多能量。应减少高 GI 食物（血糖生成指数高的食物）的摄入，选择全谷物、糙米、燕麦等低 GI 食物，多吃富含纤维的食物，如蔬菜、水果等，有助于稳定血糖、促进肠道健康和延缓饥饿感。

❹ 确保充足睡眠

每天保证 7 ~ 8 小时高质量睡眠，避免熬夜。睡眠不足会导致食欲激素（如瘦素和胃饥饿素）失衡，增加暴饮暴食的风险。

❺ 周期性饮食法

长期保持固定的能量赤字可能让身体进入"节能模式"。可以尝试周期性饮食法，交替能量摄入，如每隔几天稍微增加能量摄入，避免代谢减慢，可以帮助打破平台期，同时满足对碳水的渴望。

❻ 关注非体重指标

有时候，体重停滞并不代表没有进步。脂肪减少、肌肉增长，会使体重看起来没有变化，但体型却更紧致。因此，除体重外，还要关注其他指标，如腰围和体脂率，综合考虑以上指标，能帮助我们更准确地判断减脂效果。

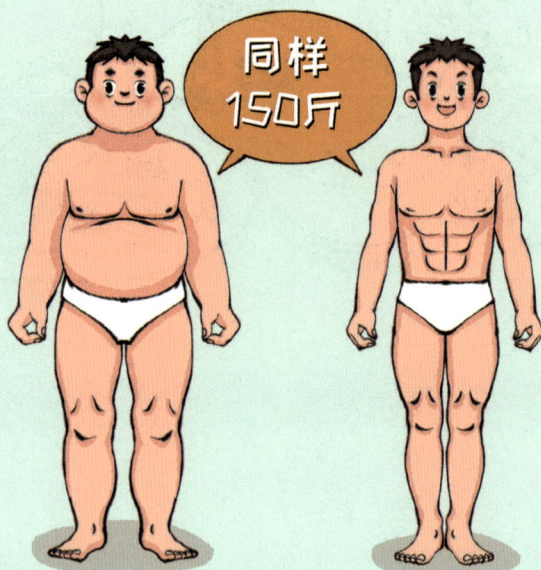

7 保持积极心态

平台期是减肥过程中的正常现象，不要因此失去信心。要将注意力放在可实现的小目标上，比如多走 5000 步，或尝试新的健康食谱。和朋友一起锻炼，或加入线上社群分享经验，可以让减肥更有动力。

不反弹
监测小工具

使用体重、腰围、体脂率监测表，每周固定时间测量体重和腰围，并记录每天的饮食、运动情况，以及聚餐、熬夜等特殊情况（见下表）。

体重、腰围、体脂率监测表

时间	体重（kg）	腰围（cm）	体脂率（%）	备注（如饮食运动）
第一周				
第二周				
第三周				
第四周				
第五周				
第六周				
第七周				

体重测量：晨起后空腹、排尿，着轻便衣物，光脚，使用同一个体重秤。

腰围测量：通常在髂骨上缘与第 12 肋骨下缘连线中点处（脐点附近）的腰部水平围长。

体成分测量：通过家用体脂秤或专业设备获得。